シャチ学

村山 司著

東海教育研究所

Study of Killer Whale

Tsukasa MURAYAMA
Printed in Japan, 2021
ISBN978-4-924523-20-3

はじめに

一六世紀にスイスのコンラート・ゲスナー（Conrad Gesner 一五一六～六五）によって描かれ、ルネッサンス時代のもっとも優れた動物記と評される『動物誌』にはさまざまな動物の絵がまとめられています。そこにはクジラを描いたものもいくつか出てきます。そのなかには、船に近づいてくる大きなクジラに向かって、船員が船の舳先でトランペットを吹いたり、樽を投げ込んだりして、なんとかクジラを追い払おうとしている光景のものや、大きなクジラを島だと思い込んで、その背中に「上陸」して火をたいて料理をはじめようとしているのをクジラが怒っているようすを描いたものなどがあります。

こうした絵では、どれもクジラの口には牙があり、煙突のような噴気孔からまるで爆発でもしているかのように水が噴き出し、そしてクジラの顔つきは実におどろおどろしい形相で描かれています。古く神話の時代から「ケトス」とよばれ、大きくて獰猛、残忍な動物として語られてきたクジラに対する中世の人々のイメージは恐怖に近いものであったことが想像できます。

しかし、そうしたゲスナーの絵のなかに、そのように獰猛な顔つきをし、恐怖の権化でもあったようなクジラの背中に噛み付いている動物が描かれたものがあります。その動物は誰かというと、シャチです。そのシャチの顔つきはクジラ以上におどろおどろしく、鬼のような形相をしており、鋭い牙はクジラ以上の長さで描かれています。大航海時代とはいえ、今ほどシャチに遭遇できる機会が多かったとは思えない時代のこと、想像で描かれた部分も多いと思いますが、しかし、海で見かけた狩りをしているようすなどから、クジラ以上におそろしい動物、それが中世の人々のシャチに対するイメージだったのでしょう。

さて、中世にはこのようなとらえ方をされていたシャチですが、現代はどうでしょう。日本の近海でもシャチを目撃する話はよく聞きますし、近年はシャチを見に行くツアーもあるようです。大海原でシャチの群れに遭遇し、感動して上がる歓声が聞こえてくるようです。また、シャチのいる水族館では多彩なショーがくり広げられ、大きな人気を博しています。どうやら現代のシャチは、はるか昔のシャチとは大きく異なるイメージであることがわかります。

さて、そんなシャチとは、そもそもいったいどんな動物なのでしょうか。

大きなからだと白黒の美しいツートンカラーの体色に魅了される人は少なくありません。しかし、シャチも野生動物です。私たちの知らない遠い海のかなたで、ヒト以上に昔から海で暮らし、さまざまな生命の営みをくり返してきた動物です。本書では、そんなシャチについて、これまでにわかってきたことを中心に紹介したいと思います。

なお、ただシャチのことだけをめんめんと書きつづっても、なかなか理解はしにくいものです。比べるものがあってはじめてその本質が理解できるものなので、本書では、随所にほかの動物、とくにシャチにいちばん近い動物のイルカとの対比や、ときにはヒトとの係りなどをまぜながら、シャチのさまざまな特性や能力を説明してみました。

シャチと同じ海に暮らすいろいろな動物たちと似ているところ、ちがうところを比べることで、シャチの魅力を醸し出していきたいと思います。

目次

1 章

海の哺乳類

広い海と生物

海は広くて深い。

陸上では、五〇〇〇メートルほどの高さまでしか生物は見られません。しかも高所で見られるのはほぼ植物だけです。動物はというと、鳥類や昆虫などが飛べるのはせいぜい地上から一〇〇〇メートルほどまでで、多くの動物はそれよりも低いところで生息しています。

それに対して地球の約七〇パーセントを占め、平均水深が三八〇〇メートルという海には、単純に計算すると陸上の約一〇〇倍もの生息空間があることになりますが、一万メートルをも超すすべての深さに生物が生息しています。海は生物の宝庫ともいえます。

そんな海には、電子顕微鏡でなければ見えない微小なウイルスや顕微鏡でやっとのぞけるほどの小さな細菌類から、ヒトほどの大きさのあるマグロのような魚類や体長が三〇メートルにもなり、地球上最大の大きさを誇る巨大なクジラまで、さまざまな生物が生存しています。小さいものから大きなものまで、浅いところから深いところまで、海にはさまざまな生物がおり、そうした生物たちは、周囲を取り巻く環境と複雑に関係し合いながら複雑な生態系を形づくっています。

さまざまな美しい色を呈したサカナたちが乱舞するサンゴ礁の海、熱帯の種々の木々が生い茂るマングローブ林の足元を洗う海、あるいは都会のすぐそばの海岸に広がる砂浜、磯潟、干潟、はたまたまったく太陽の光のとどかない暗黒の深海底や北極や南極の冷たい海のなかなど、海のあらゆる場所に生態系があります。

おおざっぱな言い方をすると、そうした海の生態系は、表層を漂う植物プランクトンや海藻などの一次生産者を基礎とし、それを捕食し、利用するほかの生物たちとの食物連鎖（食物網）で構成されています。そうした海の食物連鎖の頂点に位置する動物の一つが海棲哺乳類なのです。

海棲哺乳類にはいろいろな動物が含まれていますが、本書のシャチは、そのなかの鯨類に属する動物です。

白黒の明瞭なツートンカラーの体色をし、大きく雄々しいフォルムは多くの人々の人気を集めています。本書では、これからシャチのさまざまな生物学的な特性や能力、ヒトとの係りなどを紹介していこうと思いますが、そこにはシャチを取り巻くいろいろな海棲哺乳類が登場してきます。そこで、シャチについてより理解を深めるうえで、まずはそうした海棲哺乳類とよばれる動物たちについて、おさらいをしておこうと思います。なお、かつて束柱類（デスモスチルスなど）という、海牛類（後述）にもっとも近縁とされる海棲哺乳類も存在していましたが、すでに絶滅してしまいました。絶滅した動物はほかにもいますが、ここでは現存する動物たちについて取り上げていくことにします。

鰭脚類

海棲哺乳類といえば、狭い意味では鰭脚類、海牛類、鯨類のことを指しますが、広い意味では、さらにホッキョクグマ、ラッコなどが加わります。では、まずは鰭脚類から見ていきましょう。

図1・1　トド（鴨川シーワールドにて撮影）

鰭脚類（「ききゃくるい」または「ひれあしるい」と読む）は食肉目に属する動物群で、現在はアシカ科15種、セイウチ科1種、アザラシ科19種に分かれています。アシカ科には、たとえばカリフォルニアアシカ、ニュージーランドアシカといったように「……アシカ」と呼称されるものやキタオットセイ、ミナミアメリカオットセイのように「○○オットセイ」とよばれるものがいます。さらにトド（図1・1）やオタリアもアシカ科の仲間です。セイウチ科はセイウチ1種だけです。アザラシ科にはゴマフアザラシ（図1・2）やゼニガタアザラシなど、「……アザラシ」という名前がついているものが含まれます。

個体数で見ると、約五〇〇〇万頭ともいわれる鰭脚類のなかの約九〇パーセントがアザラシ類と圧倒的に多く、残った一〇パーセントがアシカ類やセイウチです。しかし、こうした鰭脚類のなかには二〇〇七年に絶滅が宣言されたカリブカイモンクアザラシや一九七

図1・2　ゴマフアザラシ（静岡市立日本平動物園にて撮影）

五年以降目撃のないニホンアシカのように、すでに絶滅したと考えられているものもいます。

アザラシ類は一般に北極や南極周辺の寒冷な海域に生息していますが、モンクアザラシ類やキタゾウアザラシ、ゼニガタアザラシなど、一部のアザラシ類は温暖な海で暮らしています。

一方、アシカ科はキタオットセイやナンキョクオットセイなどは寒冷な海が生息域ですが、それ以外は比較的温暖な冷温帯から温帯にかけて生息しているものが多く、嫌氷性が見られます。セイウチはベーリング海から大西洋北部の北極周辺の寒冷な海域に分布が見られます。多くの鰭脚類は海で生息していますが、カスピカイアザラシやバイカルアザラシのように、低塩分の湖や淡水の湖、河川などにいるものもいます。

日本では、北海道沿岸でゴマフアザラシなど

5種のアザラシやトド、キタオットセイなどの種類を見ることができます。ただ、かつて日本近海にはニホンアシカが生息していましたが、前述のように、近年はまったく目撃情報がなく、すでに絶滅したと考えられています。

鰭脚類は、からだつきは流線型をしており、四肢が鰭状になっています。海水温は体温よりずっと低いので、水中は空気中より約二〇倍も速く体熱が失われる計算になります。そのため海で暮らす動物は、体温を維持する工夫が必要です。その一つが体表面の断熱化です。断熱材は空気と皮脂ですが、まず、空気は熱伝導率が非常に小さいので、毛のある動物は毛皮のなかに空気を閉じ込めることにより、体温が逃げるのを防ぐことができます。そのため鰭脚類は全身に毛が密生しており、それは太い上毛（二〜三センチメートル）と柔らかい下毛（一センチメートル）があります。こうした毛の隙間に空気を閉じ込めて断熱しています。

また、一本の上毛と何本かの下毛が集まって毛包となり皮脂腺につながっており、オットセイ類のような下毛の多い種では、皮脂腺からの油が毛の表面をコーティングして水をはじき、からだが濡れないようにして体温の消失を防いでいます。

アシカ類、アザラシ類、セイウチのような下毛の少ない種では断熱材として皮下脂肪を多くして、それぞれからだから熱がうばわれないようにしています。ただし、鰭は種によって皮下脂肪が少ないものがあり、また、血管が体表面に近いため、暑いときや体温が上昇してしまったときなどは、水面上に鰭を出し空冷することによって体温調整をしています。

鰭脚類は触覚がよく発達しており、口の周囲にはえている口ヒゲがいわゆる（血）洞毛というもので、感覚毛の役割を果たしています。この毛によって餌や水流などの微細な動きを感知しています。

聴覚もよく発達しており、鳴音で、個体どうしでコミュニケーションをしていると考えられています。親子が鳴き交わして、お互いの居場所を確かめることなどが知られているほか、繁忙期になるとオスがメスを惹き付けるのに頻繁に鳴き声を発しています。

鰭脚類の生活場所はというと、休息や換毛、繁殖などの際には陸上または氷上に上がり、摂餌は水中で行うという水陸両生的な生活をしています。ちなみに、アシカ類、ゾウアザラシ類、モンクアザラシ、ゼニガタアザラシは陸上で繁殖しますが、それ以外の鰭脚類は氷の上が繁殖場所です。

水中では、アシカ類は比較的浅い潜水をしますが、アザラシ類は深くまで潜るものがいます。それは捕る餌のちがいを反映しています。鰭脚類の主な餌は魚類や頭足類ですが、種によっては動物プランクトンやオキアミ、二枚貝、エビ・カニ類、鳥類など、さまざまな動物を餌にしています。ヒョウアザラシ、オタリア、トド、セイウチなどはこうした餌のほかに、同じ鰭脚類を食べたり、ペンギンなどを食すことが知られています。

鰭脚類の天敵はサメやホッキョクグマ、そしてシャチです。シャチにはアザラシ類やオタリアなどを餌としているグループがあり（52頁参照）、巧みな戦略でこうした動物たちを捕食しています（94、97頁参照）。

海牛類

海棲哺乳類の二つ目は海牛類（「かいぎゅうるい」と読む）です。からだはやはり流線型をしていますが、鰭脚類とはちがって完全に水中だけで暮らしています。海牛類には現存するものとしてジュゴン科とマナティ科があります。

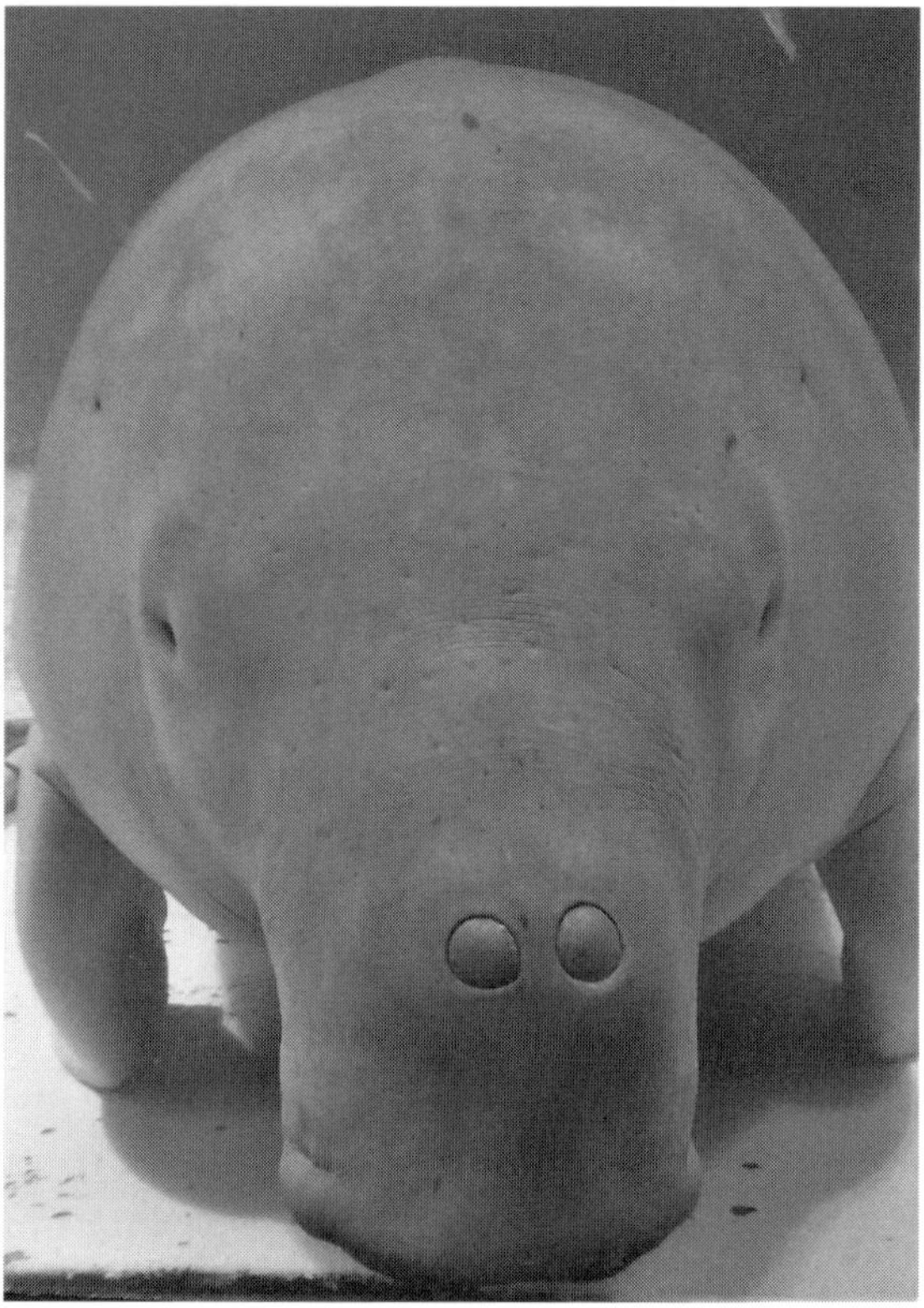

図1・3　ジュゴン（鳥羽水族館にて撮影）

ジュゴン科はジュゴン1種だけからなり（図1・3）、海にのみ生息し、太平洋、インド洋、紅海、東シナ海などの温暖で比較的浅い海域で暮らしています。体長はおおむね二・五～三・〇メートルで、体重も三〇〇～六〇〇キログラムほどです。

一方、マナティはフロリダ半島からメキシコ近海に生息するアメリカマナティ、アマ

図1・4　アフリカマナティ（鳥羽水族館にて撮影）

ゾン川流域にいるアマゾンマナティ、そしてアフリカ・セネガル付近に生息するアフリカマナティ（図1・4）に大別されます。アマゾンマナティは主として淡水生活ですが、それ以外の種は汽水や海水域が分布域です。体長はおおむね三〜四メートル、体重は五〇〇〜六〇〇キログラムほどで、ジュゴンよりはやや大きなからだといえそうです。

ジュゴンとマナティの形態上のちがいは尾鰭にあり、ジュゴンはイルカに似た三角形の尾鰭をしているのに対し、マナティはうちわやしゃもじのような丸い尾鰭になっています（図1・5）。

海牛類は反芻をしない草食動物で、海草や水棲の維管束植物を餌にしています。ジュゴンはアマモ類が主な餌で、そのため藻場が形成される広くて浅い海域や湾などに生息していること

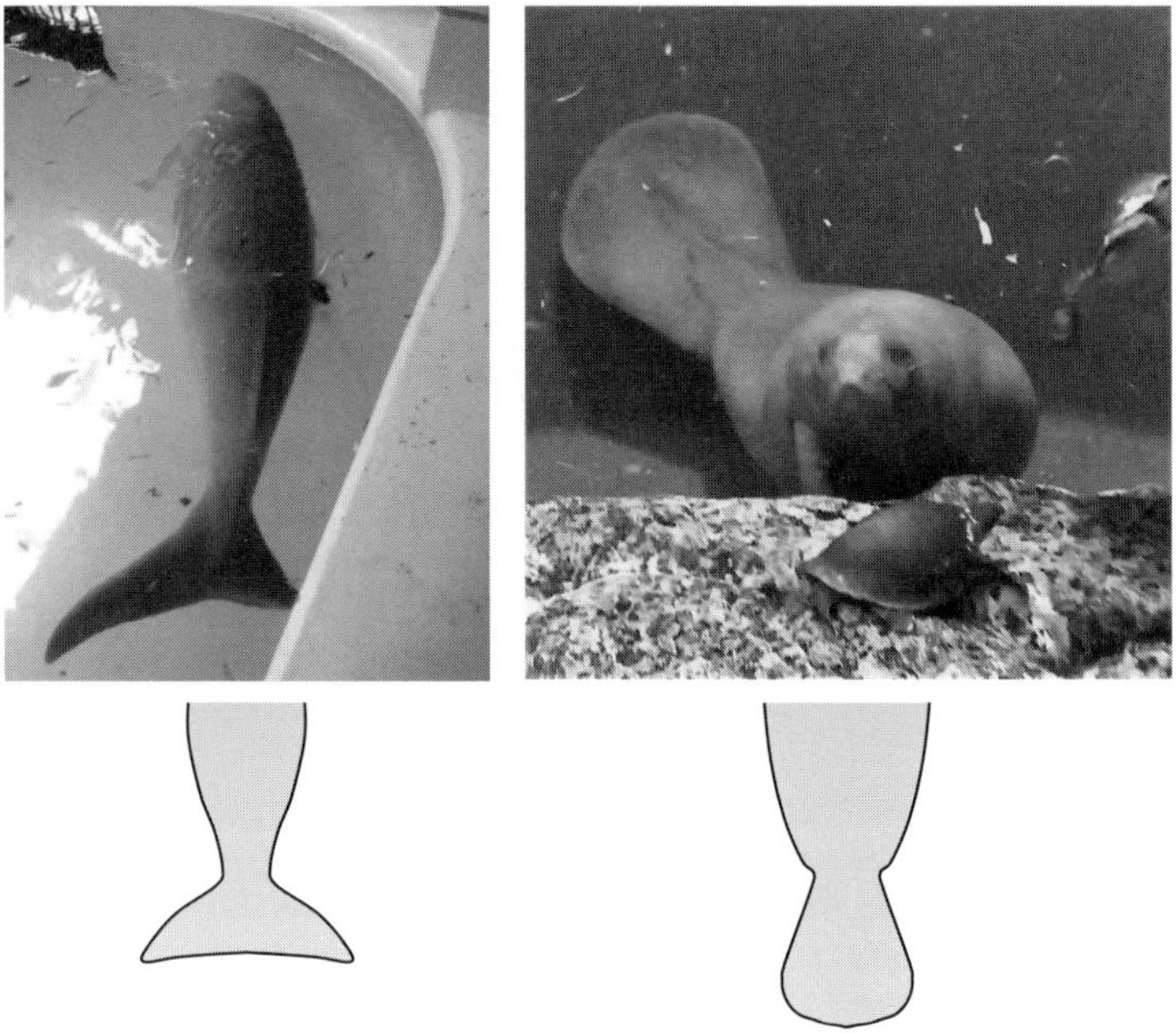

図1・5　ジュゴン（左）とマナティ（右）の尾鰭（鳥羽水族館にて撮影）

が多くなっています。マナティはホテイアオイなどの水草を餌としていますが、水辺の陸生植物を食すこともあるようです。なお、飼育下のマナティにはこのほかレタスやキャベツ、ニンジンといったものを与えることもあります。

海牛類は草食動物なので長い腸を持っています。ジュゴンは腸の長さが一六メートルになるものもおり、マナティでは四五メートル以上の腸を持つものがいます。そうした腸内での食物の滞留時間は一週間にもおよぶことがあり、かなりの長さです。

マナティは水面に浮かぶ維管束植物を食べていますが、草の芽や根にあるケイ酸により歯が摩耗するため、絶えず歯が生え代わっています。ジュゴンの口元には筋肉がよく発達している顔面盤とよばれる構造があり、口のまわりの毛と顔面盤を使って海草を口元へ運んでいます。マナティにも同様な構造がありますが、マナティのほうが器用に餌を運べるようです。さらにジュゴンには上唇と下唇の先端に咀嚼板という構造があり、それで餌を擦りつぶして飲み込んでいます。

ジュゴンもマナティも妊娠期間は一二〜一四か月で、寿命も約七〇年と考えられています。

日本近海にはマナティは生息していませんが、一方、ジュゴンは日本では沖縄近海が唯一の生息海域で、ジュゴンの分布の北限ともされています。この海域では近年まで三個体のジュゴンの生息が確認されていましたが、二〇一九年、そのうちの一個体が死亡し（死因はオグロオトメエイの棘による腸の損傷の可能性）、さらに少なくなってしまいました。

このほか、海牛類にはかつてステラーカイギュウという種が存在していました。ジュゴンやマナティーとは異なり、ベーリング海やカムチャッカ半島沿岸（ロシア）という寒冷な海に生息していた動物で、一七四一年、遭難したロシアの探検隊によって発見されたのがはじまりです。

ステラーカイギュウは寒冷な気候に適応するため脂肪を豊富にたくわえていたことから、からだの大きさはジュゴンの3倍もありました。歯がなく、口は前方を向いていたため背の高いコンブなどの海藻類を餌としていたとされています。日本からベーリング海などの北太平洋沿岸に沿っての寒冷な海域からカリフォルニア沿岸域まで分布していたようです。しかし、その豊富な肉や脂肪のおかげで、ラッコの毛皮を狙った多くの毛皮商人やハンターによる乱獲が起こり、発見後、わずか二七年という短いあいだに絶滅してしまいました。

ラッコ

食肉目イタチ科に属するラッコも、広義では海棲哺乳類の仲間に入る動物です。アメリカ西海岸のカリフォルニア沿岸に生息するカリフォルニアラッコ、アラスカに生息するアラスカラッコ、そして千島列島からカムチャッカ半島、アリューシャ列島から北海道近海にかけて生息するチシマラッコの3種類がいます。日本の水族館で飼育されているのはアラスカラッコ（図1・6）です。

図1・6　アラスカラッコ（鳥羽水族館にて撮影）

沿岸性で、海岸からごく近い浅い海域に生息しています。主に海中で暮らしていますが、天敵からの回避や海流に流されないようにするため大型の海藻類にからだを巻き付けて休息や睡眠をとることが知られています。また、コマンドルスキー諸島（ロシア）などでは砂浜や岩礁で休息したり歩行したりする姿も観察されています。

日本近海にラッコが生息していることは古くから知られていましたが、今でも北海道の霧多布沖や釧路沖などで見られることがあり、まれにその近隣の河川にも姿を見せ、話題になることもあります。

扁平な後肢と尾を使って遊泳しますが、前肢は鰭状になっておらず、毛づくろいや、餌をつかんで保持するのに適しています。海棲哺乳類としては皮下脂肪が少なく、そのため全身がたくさんの毛でおおわれています。一本の剛毛と七〇本ほどの下毛からなり、その総数は一〇億本（一平方センチメートル当たり一二万五〇〇〇本）もあるといわれています。これは陸棲のものも含めて哺乳類で最多です。絶えず毛づくろいをして、毛のあいだに空気をためることによって断熱を図っています。ちなみに、四歳ごろから毛はだんだん白くなりはじめ、一八歳を超えるころには全身が銀白色になります。

食べる餌は主としてウニや貝類、甲殻類などです。かつては生息数も多かったのですが、その良質な毛皮のおかげで乱獲され、北海道や北太平洋では個体数が減った歴史があります。

日本ではラッコはたいへん人気のある動物ですが、そのためかつては国内では最高二八施設一二二個体も飼育されていました。しかし、現在では三施設五個体まで減少しています（二〇二一年四月現在）。

ホッキョクグマ

食肉目に属するホッキョクグマ（図1・7）はクマ科のなかでは最大の動物です。ほかのクマに比べて顔がやや長く、また、鼻と足の裏の肉球の部分以外は全身が白い毛でおおわれています。厳密には毛は白ではなく透明で、空洞があるつくりになっており、そこに太陽光が反射して白く見えているのです。毛に空洞があることは断熱の役目と浮力の助けになっています。ホッキョクグマの毛は長さが五センチ

図1・7　ホッキョクグマ（写真提供 南條由香里氏）

メートル程度の密な下毛と、一五センチメートルにも達する粗い保護毛（大人のオスでは前肢の後ろで四〇センチメートル以上にもなることがある）とからなっています。五～九月にかけて換毛が起こります。

飼育下ではホッキョクグマの毛が緑色に変色して見えることがあります。それは毛先が摩耗し、露出された中心部の空洞へ藻の細胞が入り込んでしまうためです。

体サイズに顕著な性的二型があり、大人のオスの体重は平均でメスの一・九～二・三倍、ときには三倍を超えることもあります。また、体長はオスがメスの一六～二〇パーセントも大きくなります。

生息域は北半球の氷でおおわれた海の大部分、すなわち、ユーラシア大陸や北アメリカ大陸の北極海沿岸の地域ですが、主な生息場所は氷上です。そのため海氷上で発見されることが多く、なかには氷上で生まれ、一生氷上で暮らす個体もいるようです。しかし、夏になり氷が溶けると、いずれも陸地での生活を余儀なくされることになってしまいます。

ホッキョクグマが生息している地域のなかには、人間が暮らす地域と重なっているところもあり、そういう場所では人間生活との共存が見られます。

ホッキョクグマは、基本的に群れはつくらず、単独性の動物です。オスは一時的に複数の個体が集団になることはあるようです。メスは妊娠期間が約二四〇日で、出産後、一、二個体の子グマを伴った母子で行動することが多く、子グマは二年半ほどで母グマから離れていきます。

ホッキョクグマは長い距離を移動することも知られていますが、行動圏は広く、メスでは二〇〇平方キロメートル〜九六万平方キロメートルという範囲で行動しています。また、泳ぎがたいへん得意で、島と島を泳いで渡る姿が目撃されることがあります。正確な遊泳距離は不明ですが、アラスカとロシアのあいだを一年で一六〇〇キロ以上も移動した知見もあります。また、陸地から海氷までのこれまでの最長遠泳記録は六八七キロメートルとなっています。

餌は雑食性ですが、肉食性が強く、ワモンアザラシ、アゴヒゲアザラシなどをはじめとするアザラシ類を主食としていることはよく知られていますが、海鳥を襲うこともあります。そうしたアザラシや海鳥を襲うのに水に潜って水中から奇襲したり、水から上がっているアザラシに対しては氷丘脈に隠れながら近寄ったり、氷上をはいつくばったり、あるいは海氷の高低差を利用して近づくなど、待ち伏せや忍び寄りなどの手段で狩りをしています。しかし、近年の地球温暖化に伴い極地方の氷が減少し、そのためそこに生息するアザラシが減少していることから、それを餌とするホッキョクグマも絶滅の危機に瀕しています。

ほかには、シロイルカ、イッカク、セイウチなどの海獣類や海藻などもホッキョクグマの餌になっています。

鯨類

鯨類は、口のなかにヒゲ板（図1・8）が生えているヒゲクジラ亜目（類）と歯（図1・9）が生えたハクジラ亜目（類）に大別されます。この、ヒゲ板と歯という口のなかの摂餌器官のちがいで食性や餌の食べ方が大きく異なっています。

まずヒゲクジラ類は一般にからだの大きな種が多く、とくにシロナガスクジラは体長が三〇メートルほどにもなり、地球上最大の動物といわれています。

ヒゲクジラ類は、歯が消失し、代わりに薄く、爪と同じ成分（ケラチン）のヒゲ板が上顎に密生しています。餌はおおむね体重の四〜五パーセントの量を食べると推計されていますが、海の表層にいるオキアミやプランクトン類、イワシやニシンなどの小型の浮遊性魚類などを海水とともに口に含み、そしてヒゲ板で濾し取って食べています。また、コククジラのように海底の泥や土のなかから餌（ゴカイやヨコエビなど）を捕る種もいます。

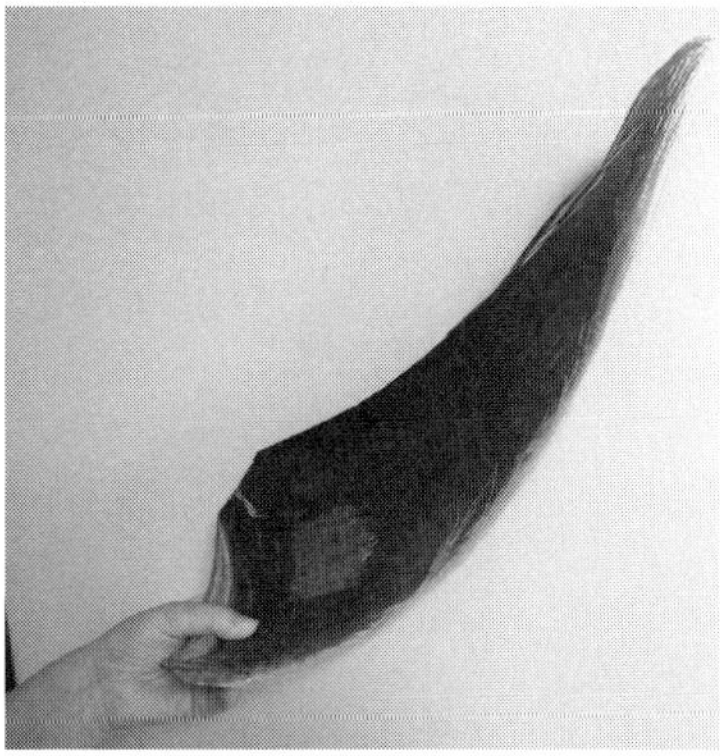

図1・8　ヒゲ板

図1・9　ハクジラの歯

　一方、ハクジラ類は口のなかに歯が生えている鯨類ですが、ヒトやほかの哺乳類とちがって、みな同じ形の歯（犬歯）が生えています。とりわけイッカクのように歯が牙（オスで、左側の歯が上唇を突き抜けたもの）のようになっている種もいます。ハクジラ類の歯の本数は種によってまちまちで、一本だけのものから二〇〇本を超えるものまでいます。ハクジラの仲間たちはイカ類や魚類を追い、この歯で押さえ付けたり引きちぎったりして食べています（ヒトのように、噛みつぶしたりするものではありません）。なお、ハクジラのうち、からだが小さい種を便宜的に「イルカ」とよんでいます。

　ヒゲクジラ類は、一般に母子や繁殖を目的とした一時的な雌雄の集団以外は長期に継続する群れはつくらず、集まってもせいぜい数個体とされています。

　一方、ハクジラ類は数十、数百、ときには数千という個体からなる群れをつくります。また、継続する「家族」をつくる種もあります。本書の主役のシャチもそういう一つです。

　鯨類は世界中に分布していますが、種によって生息する海域は

図1・10　シロイルカ（鴨川シーワールドにて撮影）

まちまちです。まず、ヒゲクジラ類には季節によって高緯度海域と低緯度海域のあいだの長い距離を地球的規模で回遊する種があることが知られています。そういう種は、夏は高緯度海域で餌を食べ、冬になると低緯度の海域で繁殖をしています。しかし、北半球のシロナガスクジラやアラビア海のザトウクジラ、地中海のナガスクジラなどは一定の海域に周年生息しており、大規模な回遊はしないことが明らかになっています。おそらく、その海域のなかで摂餌も繁殖も可能なため、大規模な回遊が必要ないからと推察されます。

これに対してハクジラ類は、ネズミイルカやシロイルカ（図1・10）のように寒冷な海を主な生息域とする種もいれば、ミナミバンドウイルカのように比較的温暖な海域を好むものもいます。また、アマゾンカワイルカやカワゴンドウ、ラプラタカワイルカ、一部のスナメリなどといったようなイルカは、河川や河口域などの淡水や汽水域にも生息しています。揚子江にはヨウスコウカワイルカが生息していますが、近年目撃例が途絶え、絶滅したと考えられています。
さて、本書のシャチはこの鯨類のハクジラ亜目（類）に属する種です。世界中の海に分布しており、もっとも生息範囲の広い鯨類の一つとされています。

先祖探し

どんなものにもルーツがあります。ある日突然、その姿・形で地球上に出現したのではなく、もとになるものがあり、そこからさまざまな変化・変遷、すなわち、進化と適応を経て、今の姿・形になりました。たとえば私たちヒトも同じです。霊長類の直鼻猿亜目からさまざまな霊長類が分岐して、その狭鼻猿類からヒトが誕生し、現在のような姿となったのです。

さて、海獣類にもルーツがいます。海獣類の祖先はどんな動物だったのでしょうか。

実は、鰭脚類、海牛類そして鯨類はいずれもかつては陸棲の動物でした。約三五億年前に海で誕生した生物が長い年月を経てようやく陸に進出したのに、また、再び海へもどっていってしまった動物たち、それがこの海獣たちなのです。では、彼らの祖先を概観してみましょう。

鰭脚類と海牛類の祖先は

まず鰭脚類について。

鰭脚類は、クマやイタチに近い動物から分化したと考えられ、かつてはアシカ上科とアザラシ上科では祖先が異なるものと推測されていました。しかし、鰭の骨格の比較の結果、アシカ、アザラシ、セイウチには共通の特徴があることが明らかとなり、これらの3科の祖先は共通であると考えられるようになりました。そして現在のところ、当初アシカ上科の祖先とされていたエナリアークタスという動物が三者、つまり鰭脚類の共通の祖先とされています。

この動物は今から約二六〇〇～二八〇〇万年前にアメリカ西海岸で暮らしていました。四肢は鰭状をし、短い吻と大きな眼（眼窩）を有しており、水中生活に適した姿でした。しかし、脊椎骨や骨盤、あるいは歯や耳のつくりは陸棲動物の特徴を備えていたとされ、まだ陸上生活に強く依存した可能性がありました。

やがてこのエナリアークタスからアシカ科、セイウチ科、アザラシ科が分化していきますが、こうした鰭脚類の祖先が海に進出していたのは約二五〇〇万年前と考えられています。

海牛類はアフリカ大陸で、プロラストムスとよばれる陸上の草食の有蹄類から進化したと考えられています。この動物はブタくらいの大きさで四足歩行をしており、テチス海（今から約一億年以上前から、地中海からヒマラヤ、東南アジア付近にまで広がっていた温暖な海）沿岸の汽水域や海岸で暮らしていましたが、始新世の終わりごろ（約五〇〇〇万年前）に陸棲から水中生活に移行していきました。その後、マナティにつながるものとジュゴンにつながるものの二つの系統に分かれたと推測されています。

海牛類に近縁な種としては、すでに絶滅したものでは束柱目、重脚目などがあり、現存する動物としてはイワダヌキ目（ハイラックスなど）や長鼻目（アフリカゾウなど）などがあります。海牛類の乳首がちょうど脇の下にあるところなどはゾウと似ており、進化の名残を感じることができそうです。

解けた鯨類のミッシングリンク

鯨類の祖先探しには少し複雑な事情がありました。しばらく前までは、鯨類の祖先は原始有蹄類である顆節類のメソニクスとよばれる陸棲の四足動物と考えられていました。メソニクスは新生代のはじめごろに存在した蹄を持つ肉食獣です。体長は一・五メートルくらいで、オオカミにも似た姿をしていたと推測されています。生物の進化は出土した化石の形態的特徴とその地層の絶対年代から推測していきますが、そうした結果、イルカやクジラの祖先はメソニクスとされてきました。

しかし、近年の分子生物学の発達により生物の生化学的な組成の情報から進化をたどる手法が確立してきました。そうしたなかＳＩＮＥ法とよばれる手法によって解析したところ、鯨類の祖先はメソニクスではなく、もっとも近縁な種はカバであることがわかってきました。その研究によると、有蹄類からはじめにラクダが分岐し、次にブタ類が分かれました。それからウシ、シカ、キリンなどの反芻動物が分岐、そして最後にカバの祖先から分かれて鯨類の祖先が出現したのです（図１・11）。

正確には、クジラ類にもっとも近いのは始新世のころにインドからパキスタンにかけて生息していたラオエラ科のインドハイアスという偶蹄類です。ネコぐらいの大きさで、水底を歩いていたと考えられています。現有のカバも水辺を主な生息場所とし、一日の大半を水中ですごしており、鯨類との生態的な共通点は少なくないと考えられます。また、カバは空気中の音は耳で聞き、水中の音は顎で聞いてい

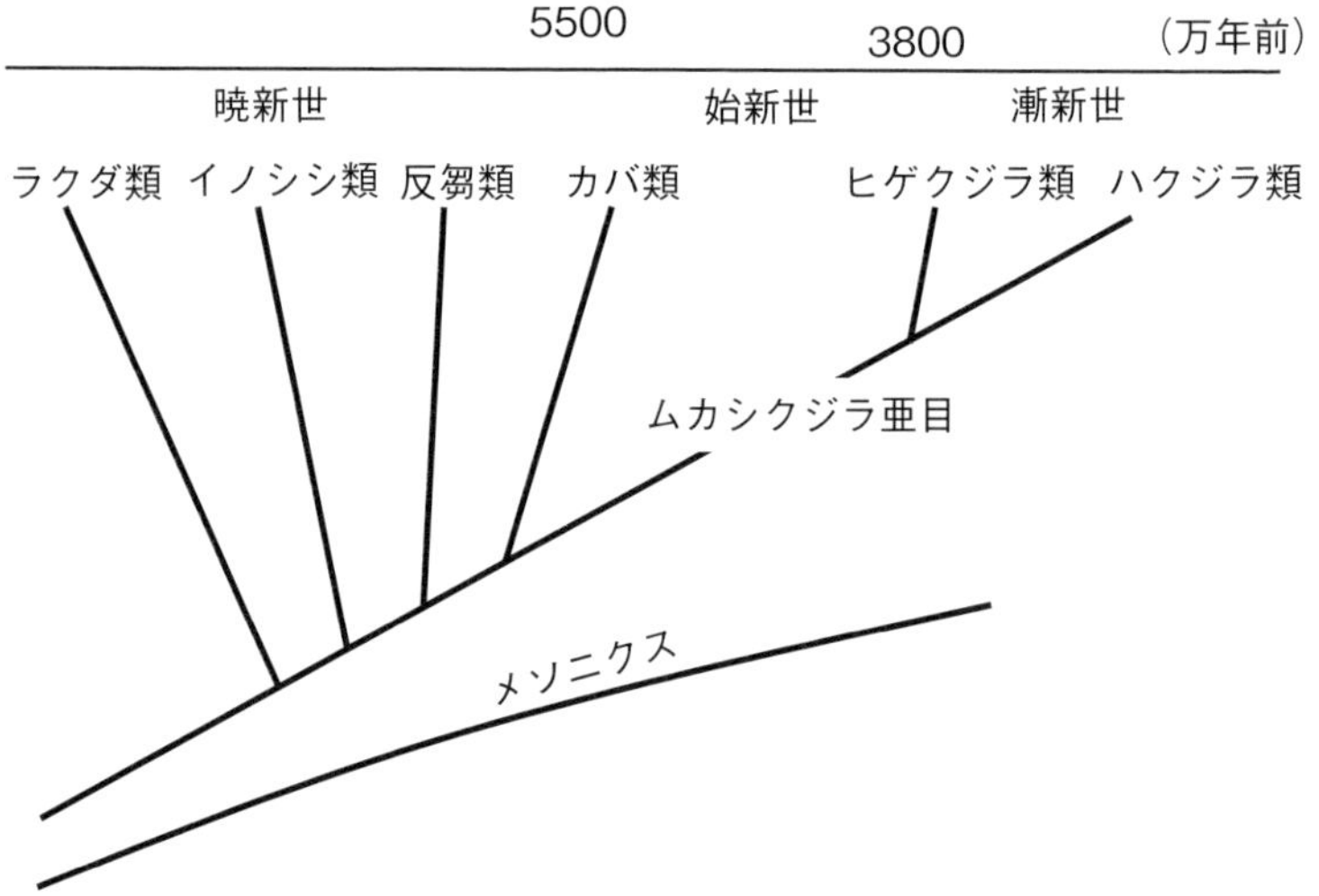

図1・11　進化の枝分かれ

るといわれ、これも鯨類(とくにイルカ類)と共通しているといえるかもしれません。

さて、そうなるとメソニクスはどうなったのでしょうか。

最初に出現した鯨類はムカシクジラ類とよばれていますが、その化石を見ると、足首(くるぶし)の部分にある「距骨」とよばれる骨に、有蹄類共通の特徴である二重滑車状のつくりが見られ、鯨類が有蹄類と共通の祖先であることをものがたっています。しかし、メソニクスの距骨にはその二重滑車状の構造は見られず、このことからメソニクスは鯨類とは遺伝的に無関係であることが裏付けられました。

では、なぜメソニクスが祖先と考えられてきたのでしょうか。

それは、類似した環境のもとではからだの形が似てくる収斂の結果と考えられています。かつてメソニクス類の種はテチス海(前述)に注ぎ込む河川の河口域に生息し、魚食性であったと考えられています。鯨類の祖先もそうした同じような環境で、同じような生態をもって暮らしていたため、形態的な特徴が共通していったのでしょう。両者の歯の構造が似ていたことがメソニクスを鯨類の祖先と考える根拠となっていましたが、これも食性が共通していたことによる収斂の結果と考えることができそうです。

なお、鯨類の祖先が偶蹄類のカバの祖先と共通であることが明らかとなってから、現在は、鯨類はそれまでの「鯨目」から「鯨偶蹄目」という分類に位置づけられるようになっています。

ムカシクジラ

鯨類の祖先が水中生活に移行したのも、ある日突然、いきなり水中生活をはじめたわけではありません。

今から約六五〇〇万年前に大型爬虫類が絶滅し、代わって哺乳類の繁栄がはじまりました。そして、さまざまに進化をとげていくなかで、再び海へもどっていった生物の一つが鯨類のグループです。

今から約五四〇〇万年前には水中生活への移行がはじまっていたと考えられています。約五四〇〇万年~四五〇〇万年前の地層から出土される、原始クジラ亜目とよばれるグループに属していたさまざまなクジラ（の祖先）の化石を見ると、陸上から水中生活へ移行する適応段階のようすをうかがい知ることができます。

これまで発見されたもっとも古い化石は五三五〇万年前のヒマラヤケタスです。浅海性の動物群とともに出土していますが、歯と下顎の一部だけで詳しいことはわかっていません。

その後、より詳しい情報を与えてくれたのは始新世前期、約四八〇〇万~四九〇〇万年前の地層から出たパキセタスです。前肢には指の跡が残り、後肢も退化は進行しているものの、まだはっきりと残っています。歯も切歯、犬歯、臼歯に分かれ、鼻孔もかなり前方にあり、耳の穴も十分に大きく存在しています。これらのことから、パキセタスはまだ完全に陸上生活をしていたことが推察されます。

そして、パキセタスより一〇〇〇万年ほど新しい時代に出現したアンブロセタスは海に進出していった最初の鯨類と考えられています。足はまだ残っていたものの、からだをうねらせて泳いでいたようです。また、耳の構造から、水中の音を聞き分ける能力があることが推察できます。アンブロセタスはおそらくワニのように水中で待ち伏せをして獲物を捕えながら、水辺で暮らしていたのではないかと考えられています。

時は流れ、始新世後期になると、バシロサウルスやドルドンといったムカシクジラたちが誕生します。彼らはからだを支えきれないような前肢と小さい後肢などから、完全に水中生活をしていたことが示唆されています。また、ドルドンは体長が七メートル、頭の長さが九〇センチメートルもありました。鼻孔は吻の前方にあり、頭骨は陸棲動物に類似していましたが、後肢は退化し、前肢は、わずかに肘が動く程度で、鰭状の形をしています。骨の形や全体の形状は現生のイルカに近い形になってきました。また、歯は鋸歯状で初期のハクジラにも似ている特徴です。

このように、水棲生活への移行に伴いからだのつくりも少しずつ「クジラ」らしくなっていったことがわかります。これらのムカシクジラたちは中新世のはじめ（約二〇〇〇万年前）には絶滅しましたが、その後、現生のハクジラ類とヒゲクジラ類が誕生してきたと考えられています。

少し前置きが長くなりましたが、こうした変遷をとげ、現在、90種近い鯨類が存在しています。シャチは口のなかに歯があるハクジラ亜目（類）の一員です。では、いよいよそのシャチの生物としての特徴を詳しく見ていくことにしましょう。

2章

シャチとは

「シャチ」というよび名

シャチ（図2・1）は分類学的には「鯨偶蹄目・ハクジラ亜目・マイルカ科」に属する動物です。ちなみに、少し前までは鯨類が属するのは「鯨目」と称されていましたが、前述したように、鯨類の祖先が明らかになったことによる分類の考え方の変更により（23頁参照）、現在では鯨類は「鯨偶蹄目」という分類が一般的になっています。また、かつては「シャチ科」「ゴンドウクジラ科」というのも存在し、シャチはそこに分類されていたこともありましたが、現在ではその科はありません。

シャチの英名はKiller whale、学名は*Orcinus orca*ですが、よく耳にする「オルカ」というよび名はこの学名の後半（種小名）に由来したものです。英名ではほかにblackfish、grampusといったものもありますが、他種と混同されやすいため、シャチを示す名称としては現在では使われていません。なお、かつては近似種として太平洋産のタイヘイヨウサカマタと大西洋産のタイセイヨウサカマタと分けられていた時代もありましたが、分ける生物学的根拠が乏しく、現在ではこれらは同一種として「シャチ」で統一されています。

和名については、現在では「シャチ」というよび名が広く使われるようになっていますが、シャチにはほかにもいくつかの異名があります。かつては「サカマタ」というのが標準的な和名として用いられていました。これは大きな背鰭が海面に突き出た姿が中国の古い武器「戟（げき）（矛）」を逆さにたてた形に似ていることから、「サカマタ」（逆叉、逆戟）と称されたとされています。しかし、このよび方

図2・1　シャチ（鴨川シーワールドにて撮影）

は現在では水族館の機関誌やアニメのキャラクターの名称など、一部で見られるのみで、直接シャチを表すものではありません。

ほかにシャチを表す異名は古い文献を紐解くと数多く見ることができます。ざっとあげるだけで「シャチクジラ」、「シャカマ」、「クロトンボ」、「サカマタクジラ」、「タカ」、「シャチホコ」、「クジラトウシ」、「タカマツ」などといったものがあります（ほかにもさまざまな地方名があるようです）。

こうした異名のうちのいくつかは、いわゆる〝漁師言葉〟を起源としたものと考えられます。たとえば「クジラトウシ」はシャチの別名でもあるほか、ムツというサカナのことを指す地方名であったりします。「タカマツ」というよび名は江戸時代の捕鯨にまつわる文学作品である司馬江漢の『江漢西遊日記』に登場しているほか、一七四一年の神田玄泉の『日東魚譜』にも見られます。また、一九一一年に香川県に座礁したシャチを「タカマツ」という呼称で記載している例などがあります。昔の漁師はゴンドウやシャチの区別なく、からだが黒いハクジラのことをみなまとめて「タカ」、「タカマツ」、「クジラトウシ」などとよんでいたようです。

しかし、「シャチ」以外のこうしたさまざまな異名は、現在ではほとんど見かけられません。

なお、これとは別にアイヌ語にもさまざまにシャチを表す言い方があるようです（102頁参照）。

シャチの暮らす海

シャチは赤道付近の海域から極地方の海まで非常に広い範囲に分布し、鯨類のみならずもっとも広い範囲に生息している哺乳類とされています。ただ、シャチは平均して体重の二・五〜五パーセントの餌を食べるとされており、そのためそうした餌となる生物が豊富に存在している高緯度海域に多く生息しています。したがって高緯度の寒冷な海域では多くの目撃があり、氷海に入り込んだり、極域氷の隙間から姿を見せたりといったこともよくあります。

しかし、大洋ばかりが彼らの生息域ではありません。なかにはアラビア海や地中海といった海でも生息が確認されていますし、熱帯や亜熱帯海域でも目撃例はありますが、その数（頻度）はあまり多くありません。

また、外洋ばかりでなく沿岸域にも現れることも多く、海岸にいる獲物を襲ったりすることもあります（94頁参照）。ときとして都会の湾や入り江あるいは河口などに入り込むことや河川を遡上することもあります。後述するように、愛知県名古屋市の名古屋港の堀川という河川に迷い込んだこともあり、

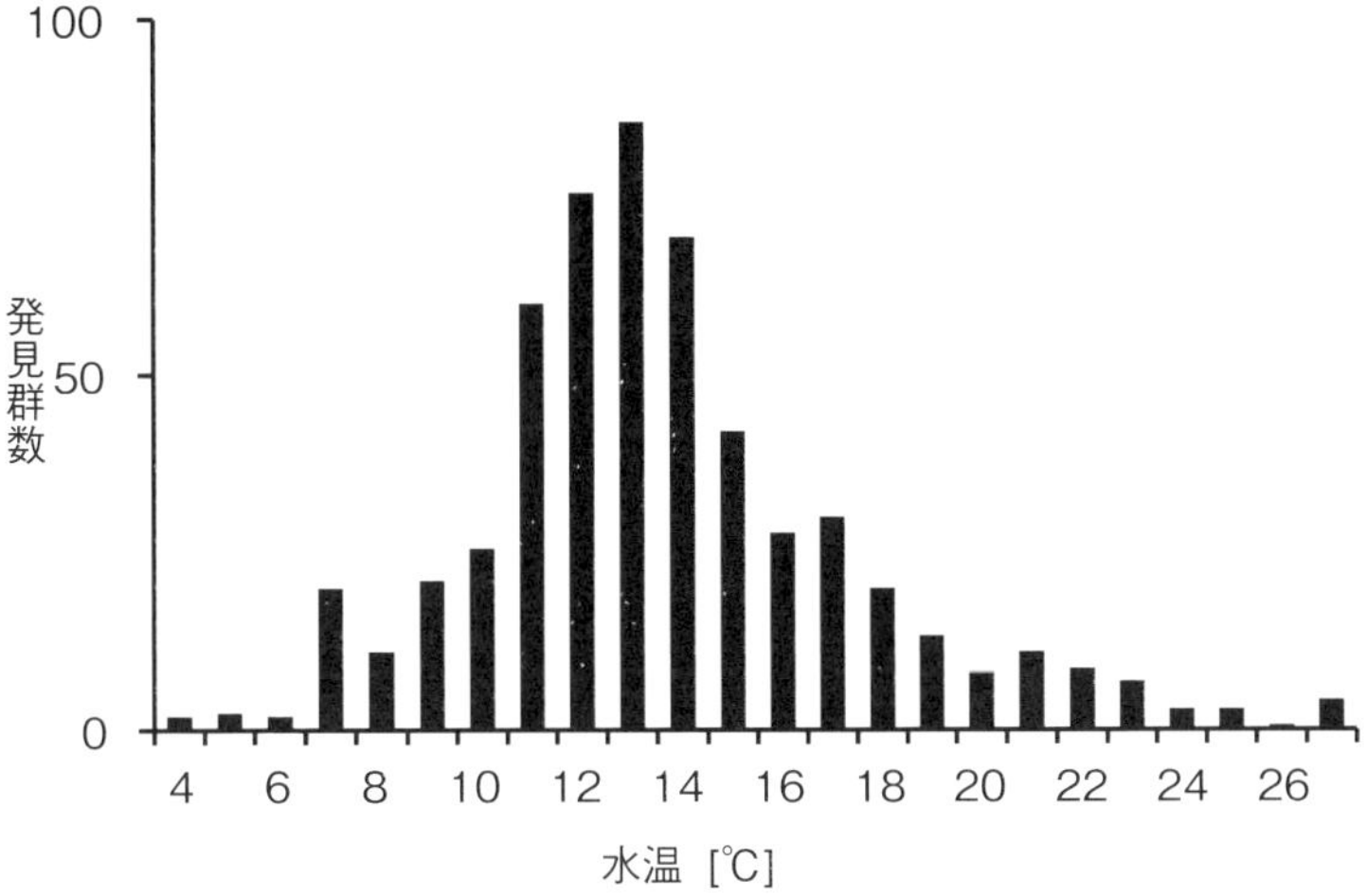

図2・2　水温別のシャチの発見群数（松岡、2009をもとに作成）

また、東京湾にも姿を現したことがあります。このようにシャチの生息域は広く、ほとんどの海洋環境に広く適応できることがわかります。

シャチはどのくらいの範囲を移動しているのでしょうか。

北東太平洋や北大西洋のシャチにおいて、個体を識別してその移動経路を追跡した研究によると、これらの海域のシャチは数百から数千平方キロメートルの行動範囲を有していることが明らかになりました。

シャチが高緯度海域での目撃が多いことは前述のとおりですが、では、姿を見せるのはどのくらいの水温でしょうか。

一九九四〜二〇〇七年までの西部北太平洋で行われた調査では広くシャチの目撃がありましたが、発見時の表面水温は三・六〜二六・七℃の範囲で（図2・2）（平均は一三・二℃）、このうちもっとも発見が多かったのは一三℃の帯域でした。また、同海域における別の調査

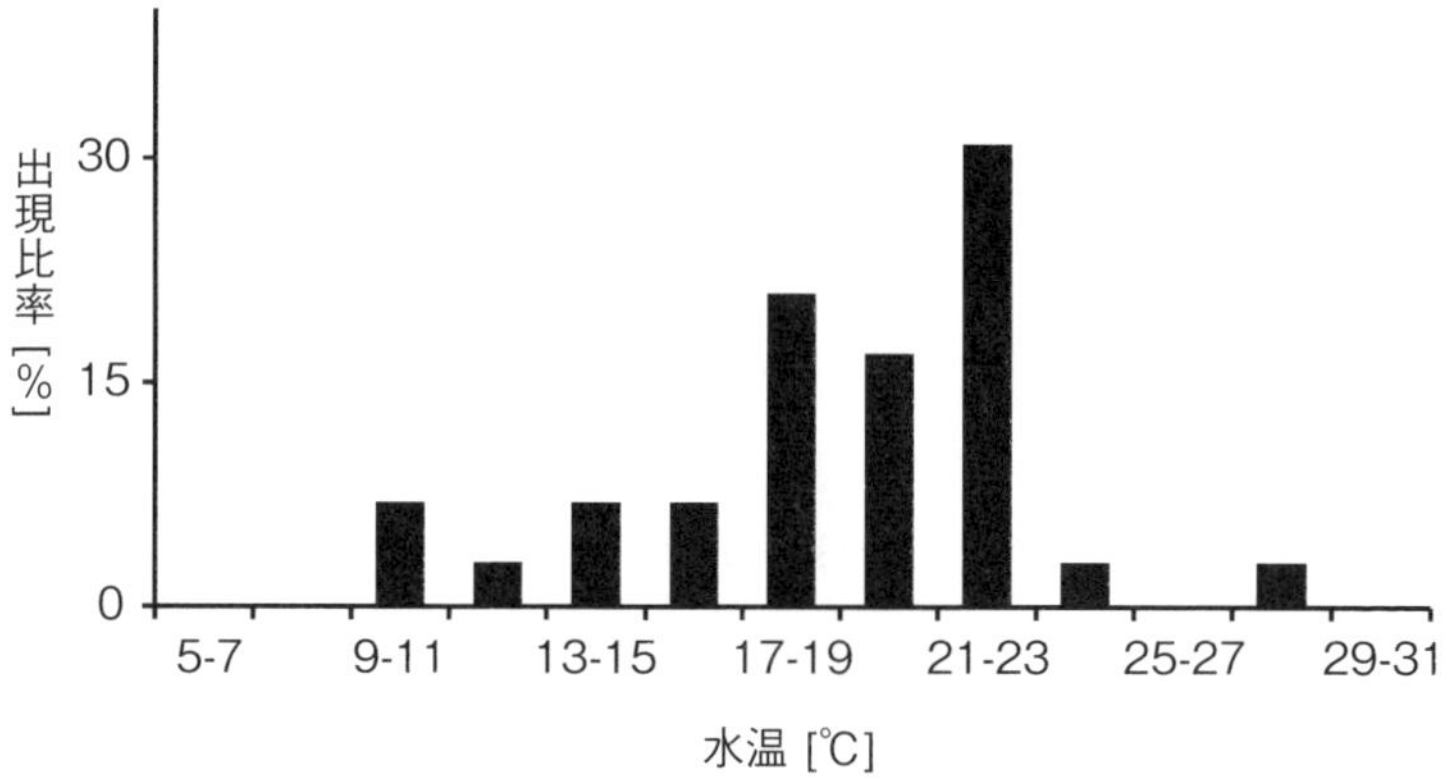

図2・3　水温別のシャチの発見比率（粕谷、2011・2019をもとに作成）

では九〜三一℃の範囲の水温で発見が見られ（図2・3）、もっとも出現が多かったのは二一〜二三℃でした。これらの結果はシャチが高い水温でも低い水温でも生息できることを示しており、シャチが世界中の海で見られることを裏付けています。

シャチのからだ

シャチはハクジラ類のなかでも大型の動物で、成獣の個体で体長がオスは六・七〜八メートル（最大九・八メートル）、メスは五・七〜六・六メートル（最大で八・五メートル）となっています。また、体重はオスが四〜六・三トン（最大で一〇・五トン）、メスは二・六〜三・八トン（最大七・四トン）です（これらの数値は資料により若干前後します）。

からだの形は全体が紡錘形・流線型をしています。大きな口が特徴的ですが、マイルカ科のほかの種のように顕著に突出した吻はありません。

口は横幅が非常に広くなっており、からだを横から見ると口裂の長さは体長の一一分の一から一二分の一にもなっています。

眼はその口（口角）のやや後ろの上方にありますが（図2・4）、黒い体色上にあるため、あまり目立ちません。

からだの輪郭は頭部をすぎて呼吸孔のあたりで少しくびれますが、その後背鰭に向かって太くなっていきます。そしてさらにその後、尾部に向かうにつれて細くなっていきます。

特徴ある鰭

図2・4 シャチの眼とアイパッチ（鴨川シーワールドにて撮影）

シャチの鰭は、まず胸鰭は大きくて丸く、オール状の形をしています。ほかの鯨類やあるいは鰭脚類などと同様に、シャチの胸鰭も泳ぐときの方向転換する際の舵の役目やブレーキのはたらきをしています。
シャチの外形でもっとも特徴的なのはからだのほぼ中央にある背鰭です（図2・5）。
シャチの背鰭は性的二型、すなわちオスとメスで大きさと形が異なっています。
まずオスの背鰭を見てみると、出生時はマイルカよりもやや高い程度で、形も、未成熟の段階では鎌形状に後方に湾曲しています。しかし、成長とともに長く

図2・5　そびえ立つ背鰭（写真提供 石川恵氏）

なっていき、成熟した個体になると高い二等辺三角形のような形をして、垂直に立っています。その高さは最大で一・八〜二メートルに達することもあります（たとえば体長九メートルのオスで体長の四分の一になることもあります）。

一方、メスの背鰭は湾曲した鎌形をしており、高さもオスの半分くらいしかありません。

シャチを個体識別するときは、後述のサドルパッチの形や背鰭の後縁にできた欠けの形や位置が利用されることもあります（図2・6）。

尾鰭は分厚く、左右の幅も広くなっており、体長の四分の一ほどになるものもいます。表面は黒色をしていますが、裏面は白く、黒い縁どりが見られます。

体色

シャチといえば白と黒のツートンカラーの明瞭な体色が非常に特徴的です。

図2・7　背鰭のうしろのサドルパッチ（写真提供 石川恵氏）

図2・6　異なる背鰭の欠け（写真提供 中山誠一氏）

まず、からだの上半分、頭部から背側は黒い色をしています。しかし、背鰭のすぐ後ろに灰色に近い色のパッチがあります（図2・7）。これはサドルパッチとよばれるもので、個体ごとにその形や模様などが異なっているため、個体を識別するときの手がかりとなっています（なお、サドルパッチの模様にはエコタイプ（57頁参照）によるちがいがあるものもあります）。そしてサドルパッチの後方から尾鰭までは黒色になっています。

眼の後方には白く大きな楕円状のアイパッチがあります（図2・4）。近年の観察から、このアイパッチはエコタイプによって大きさや形が異なっていることがわかってきました（60頁参照）。

からだの腹側は、下顎全体は白色をしており、それが後方にかけて流れていきます。そ

図2・8　バンドウイルカ

していったん腹部で白色部は細くなった後、へその後方で太くなり三つに分かれています。その分かれた両側の白い部分は体側部にまで達しています。

尾部では、表側は、ほとんど白は見られませんが、前述したように尾鰭は裏面が白くなっています。

体色の効果

さて、シャチのこのような体色にはどのような効果があるのでしょうか。

そもそも鯨類の体色には三つのパターンがあります。

まず一つ目は反対色型（カウンターシェーディング型）で、背中側が黒や灰色で腹側が白くなっているもの。バンドウイルカ（図2・8）やネズミイルカなどがその典型ですが、これは海のなか

図2・9　オキゴンドウ（沖縄美ら海水族館にて撮影）

で上から見ると背中の黒色や灰色が周囲の深い色にまぎれてからだの輪郭が不明瞭になり、また、下から見ると海面や太陽の明るさに腹側の白い色がまぎれて、やはりからだがとらえにくくなるという効果があります。比較的表層を泳ぎながら餌を探したり、天敵を回避するのに効果的です。ちなみにサカナにも、サバやマイワシなどでもわかるように、このような体色をしているものが多く、それは同じ効果があります。

二つ目は均一型で、全身が同じ色をしたタイプです。全身が無地で、オキゴンドウ（図2・9）やマッコウクジラなどがあてはまります。このようなタイプは餌を取りに光の乏しい深いところまで潜水するため、全身が同じ色をしていても不都合なことがなく、また周囲の暗さにまぎれて保護色のようにもなり都合がよいと考えられています。なお、シロイルカ（図1・10）は全身が真っ白で

図2・10　カマイルカ（鴨川シーワールドにて撮影）

すが、シロイルカは北極付近の氷雪の多い海域に暮らしているので、雪や氷の色にからだをカムフラージュするのに有利なためと考えられています。

シャチの体色

鯨類の体色の三番目はからだの一部がストライプになっていたり、からだに斑点があったり、あるいは白黒の模様になっているタイプです。マイルカやカマイルカ（図2・10）は体側に色のついたストライプがあり、マダライルカは、名前が示すように全身に斑点があります。イシイルカやイロワケイルカ（図2・11）は白黒の明瞭な模様があります。シャチもこのタイプに含まれます。

では、こうしたタイプの場合にはどんな効果があるのでしょうか。

ストライプ状のものや白黒のツートンカラーのものは、周囲の明るさにより、そういった体色の

図2・11　イロワケイルカ（鳥羽水族館にて撮影）

一部が強調される効果があります。いわゆる分断効果とよばれるもので、体色を明暗に二分することで境界が曖昧になる効果を有しています。

図2・12は明るいところと暗いところで撮影したシャチ（工芸品）の写真です。これを見ると、明るいところでは黒い部分も明瞭で全身がわかるのに対し、暗いところでは白いパッチの部分が浮きだって見えるのがわかります。つまり、こういう体色パターンをしていることにより周囲の明るさによっていずれかの色が強調されるため、からだ全体のシルエットがわかりにくくなるのです。

シャチには天敵はいないので、このような体色をしていることは薄暗い海のなかで餌を追うときなどに有利と思われ、

図2・12　シャチの体色の効果。（上：明るいとき、下：暗いとき）

獲物となる動物に自分の姿を察知されずに近寄ることができることになります。

なお、からだに斑点がある種や十文字上のストライプのあるイルカでは太陽の光で輝く水面の変動とからだの模様とが混じり合い、からだの隠ぺい効果と分断効果が起きることになります。

真っ白なシャチ

このような白黒のツートンカラーがシャチのトレードマークといえますが、近年、日本の周辺海域で全身が真っ白なシャチが見つかっています。

一九九四年から行われた、太平洋の日本沿岸から東方の沖合にかけての北緯三五度以北の調査では、一九九六年と一九九七年に約一五頭の群れのなかに白いシャチがいるのが目撃されました。また、二〇〇〇年にアラスカのアリューシャン列島でも発見され、次いで二〇〇八年にも同海域で目撃されました。

図2・13 羅臼沖で観察された国内初の白いシャチ（写真提供 大泉宏氏）

その後、二〇一〇年八月にコマンドルスキー諸島で一二頭の群れのなかで目撃された白いシャチは背鰭が二メートルにもなり、その白さからロシアの研究者たちによって「アイスバーグ」と名づけられました。そして、二〇一二年四月にもやはり同じベーリング海コマンドルスキー諸島で全身が白いシャチが発見され、この個体はアイスバーグと考えられています。アイスバーグは魚食性と推察されています。

二〇一四年八月にはカムチャッカ南部の海域と千島海域で子どもと思われる白いシャチが見つかり、さらに、二〇一五年夏には千島列島周辺で少なくとも五頭、多くて八頭という白いシャチが目撃されました。そして二〇一六年九月にも一六頭の群れのなかで観測されています。

このようにこれまでなんどか白いシャチが目撃されていますが、いずれもすべて日本国外の海域です。しかし、二〇一九年五月に北海道の羅臼沖で、約一〇頭からなる群れに混じって白いシャチが目撃され、国内最初の観測となりました（図2・13）。さらに同年七月にもやはり羅臼沖で数頭の群れに混じって白いシャチが発見されました。体長や背鰭の大きさなどから、五月にこの近くで目撃された前述の個体とは別の個体と考えられています。

ところで、上記の「アイスバーグ」はサドルパッチに色のついた部分があることが観察されていることから、このシャチがアルビノ（先天的に色素が欠乏した個体）かどうかははっきりしません。アルビノは目のなかの色素も欠如しているかどうかを調べないと断定はできず、こうした全身が白いシャチは、アルビノではなく白変種や白斑が拡大した個体とも考えられます。

このように、ここ二〇年ほどのあいだになんども白いシャチが目撃されています。数百キロメートルを移動することもあるシャチなので、アラスカとロシアの海域を往復することも可能と思われ、さらにオホーツク海も海域的には近いのでここも移動範囲内と考えることもできます。目撃されたそれらがすべて同じ個体かどうかはわかりませんが、ただ、そうした白いシャチは一個体だけでなく複数個体が見られており、これらはアルビノが出現する確率からして多すぎる発見です。また、これまで発見されてきた白いシャチはいずれも数個体から一〇数個体の群れに混じって見つかっており、同系交配の可能性も考えられることから、遺伝的に出現している可能性もあります。近親交配によって白い体色をしたシャチが増加したことも推察されます。

歯

シャチはハクジラの仲間ですので、摂餌器官として口のなかに歯があります。

前述したように、ハクジラの歯の数は種によってまちまちで、たとえばバンドウイルカは上下合わせて八〇～一〇〇本ほど生えていますが、アカボウクジラ（オス）のように、上下一対しかないものもいます（アカボウクジラのメスは歯が生えてこない）。

シャチは上顎、下顎とも片側に一〇～一三本（平均一二本）、計四〇～五〇本ほどの歯が生えています。ヒトの歯とちがって、顎の位置によらず、すべて同じ円錐の歯で（同型歯性）で（これはハクジラ類全体に共通したことです）、その直径は二・五センチほど、長さは一〇～一三センチくらいになっています。エナメル質におおわれた歯で、歯冠は歯全体の三分の一ほどあり、歯根の長さは萌出部の二倍以上にもなる頑丈な歯をしています。

ときには海獣類も襲って食べるシャチですから、そうしたことに十分耐えうる歯といえそうです。

骨のつくり

シャチの骨格はほかの種と共通です。

鯨類の脊椎骨の特徴を見てみると、脊椎骨は頸椎、胸椎、腰椎、尾椎に分かれています。

多くの鯨類では頸椎は癒合しており、そのため首がみな動きません。癒合していないのはシロイルカなどのイッカク科、カワゴンドウ、カワイルカの仲間などで、これらのイルカは首を動かすことができます。尾椎は尾鰭と一体化して、強力な推進力を生み出しています。鯨類は尾鰭を上下させて推進力を出すため、この推進力を生み出す筋肉を支えるものとして、尾鰭の付け根付近の脊椎骨の下側にV字骨とよばれる骨があります。

脊椎骨の数は種により異なっており、たとえばバンドウイルカ六二～六五個、スジイルカ七四～七九個、オキゴンドウ四七～五二個、シロイルカ五〇～五一個です。

シャチの脊椎骨は五〇～五四個ほどあり、その内訳は、頸椎は七個、胸椎一一～一三個、腰椎九～一二個、そして尾椎二一～二五個となっています。なお、七個の頸椎のうち前半の三～四個が、ほかの鯨類と同様、癒合しています。そのため首を動かすことはできません。

肋骨の数は種によって若干のちがいがあります。たとえば、スジイルカ一四～一六対、バンドウイルカ一二～一四対、オキゴンドウ一〇～一一対などです。そしてシャチは一一～一三対となっています。

鯨類が陸棲動物から水棲動物へ移行したことはすでに説明したとおりですが、その名残を示すものの一つが胸鰭です。胸鰭のなかには五本の指の骨が今でも残っています。それはシャチももちろん同様です。

指の骨にはヒトと同じく節がありますが、シャチの指の骨の節の数は第一指二、第二指六～七（通常七）、第三指四～五（通常五）、第四指三～四（通常四）、そして第五指二～三（通常三）となっています。種により微妙なちがいがあり、たとえばバンドウイルカでは第一指から順に二、九、七、四、二となっています。

潜水

海のなかを縦横無尽に泳ぎまわるシャチはどのくらい深くまで潜るのでしょうか。ヒゲクジラ類に比べ、ハクジラ類は深く潜ることが知られていますが、それは捕る餌を反映していると考えられます。たとえば、水中深く生息するイカ類を餌とするマッコウクジラは深さ三〇〇〇メートルまで潜水できることが知られています。

ほかの鯨類での潜水深度と潜水時間をみると、イッカク一〇〇〇メートル・二〇分、シロイルカ六四七メートル・二〇分、バンドウイルカ五三五メートル・一二分などとなっています。

では、シャチはどうかというと、これまでの記録では最大の潜水深度は二六〇メートル、潜水時間は一五分とされています。上記のイルカに比べて潜水深度は浅いように思えますが、しかし、近年の北海道における調査でもっと深いところまで潜水するシャチが観測され、最大で七〇〇メートルを超すものまで記録されています。

ちなみに、シャチは潜水するときには、呼吸後に海面上で背中をアーチ状に丸めて潜水していきます（この姿勢はペダンクルアーチとよばれています）。

呼吸

シャチもヒトに比べてはるかに長く、深く潜水できることは先に述べたとおりです。そんなに長く水中にいて、呼吸は苦しくならないのでしょうか。

鯨類は一度の呼吸で肺の空気の八〇～九〇パーセントが交換されるため、呼吸のたびに肺にはたくさんの新鮮な空気が入り込んでいます。シャチの呼吸頻度は平均で一分間に一・一回で、一度の呼吸で出し入れされる空気の量は四万六二〇〇ccとなっています。ヒトの一分間の呼吸数は平均一一回で、一度の呼吸では肺全体の約二〇パーセント、約五〇〇ccしか空気は入れ替わりません。ヒトに比べてシャチは呼吸間隔がはるかに長く、出し入れされる空気の量も圧倒的に多いことがわかります。

ちなみに、同じ鯨類のネズミイルカは、呼吸間隔はシャチなみに一分間に一・一回ですが、一回当たりの呼吸量は九〇〇〇ccと少なくなっています。からだが小さいため、肺の大きさを反映しているのかもしれません。

こうした呼吸の仕方で大量の酸素が肺に入ってきますが、肺にとどまっている酸素の量はヒトでは三四パーセントであるのに対し、鯨類は平均でわずか九パーセントしかありません。その多くは血液や筋肉などに貯蔵されているのです。

さて海獣類は、一般に、長く潜水することができますが、それはからだに生理的な仕組みがあるためです。まず、血液中の酸素の量を見てみましょう。血液中にはもっとも酸素が多く貯蔵されています。血液中にはヘモグロビンというタンパク質が存在しますが、ヘモグロビンは血液中の酸素と結合する性質があります。もともと同じ体重の陸棲動物に比べ海獣類は血液の量が多いとされており、単純に考えれば血中のヘモグロビン量、すなわち血液中の酸素の量も多いことになります。

シャチの血中の酸素結合能（血液一〇〇ミリリットル中の酸素の量）は二一・五ミリリットルで、三〇〇〇メートルまで潜水可能なマッコウクジラの量（二九・九ミリリットル）に比べればやや少ない値ですが、ほかの海棲動物のアデリーペンギン二二・四ミリリットル、ネズミイルカ一八・二ミリリットルなどに近い値といえそうです。ちなみに、魚類ではコイ一二・五ミリリットル、デンキウナギ一九・七ミリリットル、サバ一七・三ミリリットル、サメ四・五ミリリットルなどとなっています。また、陸棲動物ではイヌ一九・八ミリリットル、ウマ一六・七ミリリットルであり、海獣類のほうが、結合能が高いことがわかります。

ちなみに、血液のほかに酸素が多いのは筋肉です。筋肉中に多く存在しているミオグロビンは酸素と結び付くタンパク質で、筋肉中で重要な酸素の貯蔵場所になっています。

一般に、鯨類はほかの動物に比してミオグロビンが多いとされています。シャチについては具体的な測定値はありませんが、マッコウクジラは筋肉中にほかの哺乳類の八〜九倍もミオグロビンが多く含まれています。なお、ミオグロビンが多く含まれる筋肉は褐色を帯びてきますが、イルカやクジラの筋肉が黒みを帯びているのはこのためです。ミオグロビンはヘモグロビンより酸素との親和性が高く、ミオグロビンのおかげで筋肉中には全体の約四〇〜五〇パーセントほどの酸素が貯蔵されているとされています（ヒトでは一四パーセント）。

理想の体型

鯨類はみな流線形のからだをしており、鰭もからだにピタリとつけられるようになっており、なかには鰭が格納できるくぼみのある種もいます。このように、なるべく水の抵抗を少なくするようなからだつきをしています。

しかし、同じ流線形といってもからだ全体の形によって抵抗の具合は一様ではなく、体長と腹部のもっとも太い部分の直径（体直径）との関係でからだが受ける水の抵抗が大きく変わってきます。からだの直径に対する体長の割合（体長／体直径）が三〜七の範囲にある場合は抵抗が少ないとされ、効率的な泳ぎができる範囲といわれています。そして、もっとも理想的な値が四・五とされています。

この値を見ると、鯨類でもやはり種によって若干のちがいがあります。たとえばナガスクジラは七・六、ツチクジラは六・八という値になっています。小型のイルカになると値は小さくなり、五前後の値を示すものが多く、やや理想値に近いようです。

さて、ではシャチはどのくらいでしょうか。シャチで測定してみると四〜四・五という値になっています（図2・14）。これはたいへん理想的な値であり、シャチのからだは流線形であることにくわえて、泳ぐうえでもっとも抵抗の少ない理想的な体型をしていることがわかります。

図2・14　体長と体高の比。シャチは両者の比が理想に近い。

遊泳速度

さて、そのように理想的なボディーを持つシャチが実際に泳ぐスピードを見てみましょう。

動物の遊泳速度を語るのは難しいですが、鯨類は通常の遊泳は時速一〇キロメートル前後といわれます。しかし、シャチは非常に高速で泳ぐことが知られています。通常の最高速度は時速四〇~四五キロメートルとされていますが、これまでの最高記録は時速六五キロメートルです。しかし、七〇キロメートルという説もあります。天敵のいないシャチですから、高速で泳ぐのは餌を追うときと考えられます。

鯨類は泳ぐときは尾鰭を上下させたドルフィンキックにより推進力を出していますが、とくに尾鰭を下から上にはね上げるときに強い推進力が生み出されています。シャチもこのような泳ぎ方で高速な泳ぎをしています。とくに、獲物に向かって猛烈なスピードで泳いでいく泳ぎはサージとよばれています。

ちなみに、ほかのイルカはどうかというと、泳ぐときの水しぶきが特徴的なイシイルカは時速五五キロメートル、ハシナガイルカは時速四〇キロメートルで、いずれもシャチにははるかにおよびません。また、同じ鯨類のヒゲクジラ類では、たとえばシロナガスクジラは最高時速が三七キロメートルです。つまりシャチの遊泳速度は鯨類最速といえます。ちなみに、魚類ではマグロが時速五五キロメートルとなっています。

睡眠

シャチはどのようにして寝るのでしょうか。

イルカ類は脳全体が眠るのではなく、片脳ずつ眠るとされています（これを半球睡眠といいます）。完全に寝てしまわないのは呼吸をするためであるとか、外敵にそくざに対応できるようにするためとか、さまざまに推測されています。

イルカの半球睡眠は脳波を測定すればわかりますが、シャチではまだ測定されたことがありませんが、半球睡眠をしている可能性はあります。

イルカは寝るときは、水面に浮いたままであったり、海底に沈んだままであったりします。また、飼育下の水槽ではゆっくり泳ぎながら眠っていることもあります。

飼育下で観察されるシャチの寝姿もだいたいそういったものです。

ゆっくり漂うようにしていたり、静かに泳ぐのをやめて静止していたかと思うと、そのまま静かに沈んでいき、水槽の底でじっとしながら寝ている光景などが見られます。そしてときおり呼吸のためにゆっくり浮上しては、また静かに水槽の底に沈んでいくことをくり返しています。

寿命

シャチはどのくらいまで生きるのか、寿命を見てみましょう。

ヒゲクジラ類の年齢は耳垢、すなわち耳垢腺に刻まれた年輪の数を数えて調べることができます。一方、シャチのようなハクジラ類の年齢は歯の断面のエナメル質にできた年輪を数えて調べます。

その方法で調べたシャチのこれまでの平均寿命はオス二九歳、メス五〇歳となっています。また、これまでみつかった最高齢はオスが五〇～六〇歳、メスが八〇～九〇歳ほどです。ただし、戸籍のない野生動物の寿命を断定するのは難しく、ここでの最高齢が必ずしも寿命を表すわけではありません。もっと長生きのシャチがいるかもしれないし、たまたま見つかったのが特別長生きしていただけなのかもしれないし……。

食性

シャチが一日に食べる量は体重の二・五～五パーセント、平均四パーセントといわれています。一日当たりの摂食量はオスで二五〇キログラムという値があります。

胃の大きさも膨大で、平均で約七〇リットル、最大で一五〇リットルほどの収容量があります。実際に、体長六・四メートルのシャチの第一胃は二×一・五メートルもありました。かつてデンマークの調査では、シャチの胃からネズミイルカとアザラシがそれぞれ一四頭も出てきて、さらに喉にもう一頭アザラシが引っ掛かっていたことがあります。また別の調査では六〇頭のオットセイの子どもを食べていたことが報告されています。からだも胃も大きいシャチですから、食べる量も莫大な大食漢というわけです。

では、何を食べているのでしょう。

水族館で飼育されているシャチに与えられる餌はサカナですが、海で野生のシャチが食べているものは実に多様であることがわかっています。それは無脊椎動物から海獣類まで、種全体としてはさまざまな動物がシャチの餌になっています。

まず、魚類について見てみると、主なものとしてタラ、カレイ、マグロ、イワシ、ニシン、サケ、マス、サバ、ホッケなどが餌になっています。シャチはこうしたサカナたちを、後述するようなさまざまな「狩り」によって捕えています。

魚類と並んで多いのがイカです。同じ頭足類のタコはあまり食べられていません。タコは沿岸性であまり集合した群れをつくらないからだろうと思われます。一方、イカは群れで生息するので、シャチばかりでなく、ほかの動物（イルカ類やマグロなどの魚類）の餌にもなりやすいようです。

ペンギンなどの海鳥やウミガメ類もシャチの餌ですが、魚類やイカに次いで餌として食べているのが多いのは海獣類です。それらはイシイルカ、カマイルカなどをはじめとするイルカ類やミンククジラなどのヒゲクジラ類のほか、アザラシ類、アシカ類、オットセイ類そしてジュゴンまでもシャチは餌としています。こうした海獣類を獲物として襲うとき、シャチはさまざまな戦略を巧みに取っていることが知られています（88頁参照）。

しかし、種全体としてはこのようにさまざまな動物を餌としていますが、すべてのシャチが同じようにこうした餌を食べているわけではありません。生息する海域によって餌としている動物がちがっていることが明らかとなってきました。また、同じ海域でも群れや集団で食べる餌にちがいがあり、摂餌の生態が異なるシャチが生息していることがわかっています。（57頁参照）。

近年、南アフリカ沿岸でシャチがホホジロザメを食べているという報告がありました。打ち上がった三個体のホホジロザメを解剖してみたところ、肝臓が食いちぎられ、なかには心臓まで食べられた個体もあり、シャチに殺された可能性が高いことがわかりました。

肝臓は脂肪も多く（サメの肝臓にはスクワレンという油分成分が豊富です）、よくねらわれる部位です。また、宮城県気仙沼沖では内臓だけが食いちぎられたホホジロザメが見つかり、シャチが〝犯人〟の一つと考えられています（ただし、ほかにゴンドウ類犯人説もあります）。

これまで胃内容物の調査から、シャチが確かにさまざまなサメを餌としていることは知られています。しかし、ホホジロザメはそのなかに含まれておらず、ホホジロザメは、逆にシャチのほうにも襲われる危険性があることから、シャチでも近づかないものと考えられてきました。しかし、サンフランシスコ沖ではシャチがホホジロザメを襲っている光景が目撃されています。

もともとサメに対しては、体当たりしてからだをひっくり返して動けなくなったところを食べるということをしているようですが、なんらかの機会にホホジロザメを襲撃することを学習したのかもしれません。

また、シャチにおける漁業被害の報告も少なくなく、漁網にかかったサカナを胴体だけ、すなわち、釣り針などがある個所を器用に避けて食べているという例も多いようです。あるいは仕掛けた網ごと食いちぎったり、そのとき網からはずれたサカナを食べたり、なかには歯型のついたサカナが水揚げされるといった被害も報告されており、その被害は甚大です。

また、かつてノルウェーではシャチのことを「油泥棒」とよんでいました。それは、捕鯨船が捕獲したクジラを船の横につけながら曳航していると、シャチがそうしたクジラをねらい、鯨油の原料である皮脂を噛みちぎっていくことからそういったよび方をされるようになったようです。

ところで、そのような何でも食べそうなシャチですが、ヒトを襲うことはあるのでしょうか。

数十年前、南極探検隊員が「氷の割れ目から狙われた」といった報告をしています。しかし、実際にシャチが隊員を襲ったわけではありません。また、最近では、家族を捕獲されそうになったシャチが漁業者の漁を妨害したという逸話もあがっていますが、襲われたという報告はありません。

飼育下でも、シャチを飼育している水族館は世界各地にありますが、直接シャチがヒトを襲って食べたということはありません。

映像などでも、野生のシャチにヒトが近づくと避けるような行動も見られることから、シャチにとってヒトは食べる対象ではないと思われます。

シャチの行動

野生のシャチは海でさまざま行動を見せてくれます。代表的なものをいくつか見てみましょう。

まず、シャチの行動でよく見られるものがブリーチングです。これは水面から空中にジャンプして、からだをひねりながら水面に落ちる行動です。これはなんどかくり返されることもありますが、この行動の意味ははっきりしていません。このブリーチングでは高いときには水面から三、四メートルの高さまでジャンプすることがありますが、それが水面に落ちるときの水音が仲間へのなんらかの合図になっているとか、あるいは寄生虫やあかを落とすため、単なる遊びとか、さまざまに推測されています。ちなみに、ブリーチングはほかのイルカやクジラでも見られる行動です。

浅い海底にやってきて海底の小石でからだを擦る行動をすることがあります。この行動はラビングとよばれています。これもからだについた寄生虫を擦り落とすためとか、遊びとか考えられています。

後述するように、カナダのジョンストン海峡にやってくるシャチは伝統的にラビングをしていることが知られています（135頁参照）。

「スパイホップ」（図2・15）とよばれる行動もよく見られるものです。

頭部や、ときにはからだの半分以上を水面から垂直に空気中に突き出すようにしている行動で、ゆっくり回転することもあります。これは視覚を使って周囲を把握しているのではないかと考えられています。ちなみに、このスパイホップはシャチ以外のほかの種でも見られる行動です。

シャチの天敵

生態系の頂点に位置するシャチにとって、海のなかには天敵となる生物はいません。

海獣類を捕食するタイプのシャチは比較的個体数は安定していると考えられています。しかし、後述するように、近年、海洋汚染の進行に伴い海獣類のなかに有害な物質が濃縮・蓄積され、それを餌にしているシャチたちの生命が脅かされています（64頁参照）。

一方、魚類を餌とするタイプのシャチは餌をめぐりヒトとの競合があるとされ、その数を減らしているという報告もあります。

図2・15　スパイホップ（写真提供 中山誠一氏）

つまり、どちらのタイプも天敵はヒトだといえるかもしれません。

北太平洋のシャチ

先にお話したように、シャチの餌は多様ですが、海域によって餌の異なる集団、また、同じ海域内で

図2・16 ワシントン州-ブリティッシュコロンビア州周辺

も食性の異なる集団が生息していることがわかっています。いくつかの海域でシャチの生態に関する調査や観測が進むのに伴って、それぞれの海域で形態や食性や行動などの生態が異なるシャチの集団があることが明らかとなってきました。そうしたものは「エコタイプ」とよばれますが、海域によってその区分の仕方（よび方）にもちがいがあり、さまざまなエコタイプがあります。

まず、北東太平洋海域の、アメリカのワシントン州からカナダのブリティッシュコロンビア州沿岸にかけての沿岸（図2・16）はシャチの生態研究としてはもっとも古くから調査が行われてきた海域です。そこは一九七〇年代から調査・研究が行われ、シャチについて多くの調査データが蓄積されています。そうした結果、この海域には三つのエコタイプのシャチがいることがわかっており、それらは「レジデント」、「トランジェント」、「オフショア」と区分されています。このレジデント、トランジェント、オフショアの3タイプでは形態的にも、背鰭の形、サドルパッチの模様や色の具合などに種々のちがいが見られます。

まず、レジデントに属するシャチは、からだの特徴として灰色のサドルパッチの部分に黒いパッチが入り込んで、あたかもサドルパッチが開けたように見えています。いわゆる「オープンサドル」とよばれるものです。レジデントのシャチは主に一〜五〇個体ほど（平均で一二個体）からなる「ポッド」とよばれる集団をつくって生活しています。このタイプはあまり大きく移動することもなく、頻繁に姿を見せることから「定住型」などと称されています。

レジデントタイプは魚食性で、ギンザケやベニザケなどのサケ類を主食にしています。カナダ本土とバンクーバー島に挟まれたジョンストン海峡は夏のはじめにサケが集まってくることで知られていますが、シャチもそのことを知っていて、その季節になるとサケを追ってシャチもやってきます。このシャチたちはサケのことを特徴ある遊泳パターンで認識しているともいわれていますが、ほかの個体とチームを組んで追うのではなく、一頭ずつ個々にサケを追っています。

このシャチたちが狙うサケ類は、キングサーモン（いわゆる「マスノスケ」）もその一つです。この海域に生息するシャチのなかに、多くのサケのなかからエコーロケーションによってこのキングサーモンを特定することができるものがいるらしいということが以前から知られていました。果たして本当でしょうか。

そこでまず、そもそもサカナに音を当てたときの反射音に魚種ごとのちがいがあるのかが実験的に測定されました。サカナに音を当てると、その音は、周囲の水とは顕著に密度の異なる空気が詰まっているウキブクロで反射して返ってきます。したがって、サカナからの反射音のパターンはウキブクロの形状やサイズのちがいにより異なることが推察されます。

シャチのクリックスに似た音を3種のサケにあて、その反射音を測定・解析したところ、サケの種ごとに異なる反射音のパターンが得られました。このことから、シャチがエコーロケーションでサケを探査するとき、そうした反射音の特性のちがいを検知しているのかもしれません。（ちなみに、こうした音に対する反射音のパターン（スペクトル構造）のちがいから、音で魚種やその体長を探り、ヒトの漁業に利用しようとする研究もあります。）

ギンザケやベニザケのほうがはるかに多い時期であるのにキングサーモンだけを特定するのは、キングサーモンがサケ類のなかでも脂肪が多く、シャチもそのことを知っているからかもしれません。

こうしたレジデントタイプのシャチですが、採食中にはお互いににぎやかに鳴音の鳴き交わしが行われています。

次に、トランジェントに属するシャチはサドルパッチにレジデントタイプのような黒い部分は見られず、オープンサドルのようにはなっていません。特定の生息域は持たず、数個体（おおむね一〜五個体）からなる小さな集団をつくりながら移動して暮らしています。餌はイルカ類、クジラ類、アザラシ類などの海獣類や海鳥などです。これらの獲物に気づかれないようにするため、あまりお互いに鳴音は発せず、静かに動きまわっています。

オフショアタイプのシャチは比較的丸みのある背鰭をしています。餌はサメなど主に食しているため、歯はしばしば歯肉付近まで擦り減っています。レジデントよりも大きな五〇～一〇〇個体からなるような群れをつくるとされています。沖合・外洋に生息するタイプで、大陸棚の縁辺付近での目撃も多く、広く移動しているようですが、まだ、生態の不明な点が多く残されています。

北大西洋のシャチ

北東大西洋（ノルウェー沖やアイスランド沿岸、イギリス近海など）もシャチが多く生息している海域です。ここに生息するシャチには二つのエコタイプが存在し、「タイプ1」と「タイプ2」とされています。

タイプ1は比較的小型（最大で六・六メートルほど）なグループで、アイパッチは体軸に水平な形をしています。主に魚食性で、ニシンやサバなどの群集性の小型魚が餌となっています。ただ、歯が摩耗しているものが多く、サメや、ときにはアザラシなどの海獣類を食べているのではないかと推察されています。

タイプ2はタイプ1に比べからだが大きなグループです（最大で八・四メートル程度まで）。アイパ

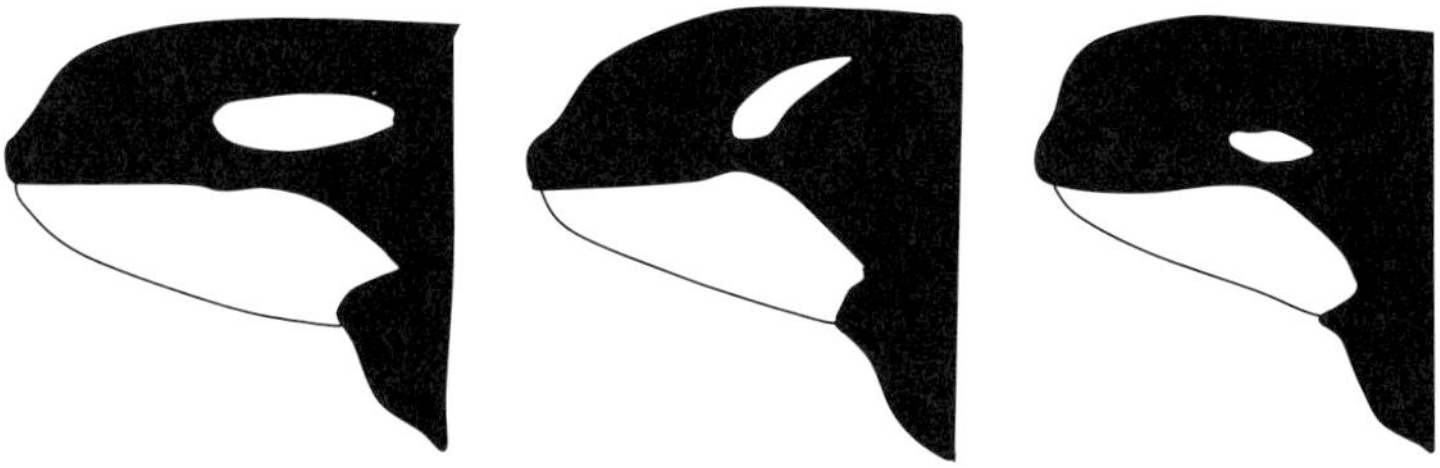

図2・17　南極海におけるエコタイプ（A、C、D）のアイパッチ（模式図）

ッチが後方に向かうにつれてやや垂れ下がった形をしているほか、歯の摩耗は少なくなっています。ミンククジラなどの海棲哺乳類を主食としていると考えられています。

南極海のシャチ

南極海にも多くのシャチが生息しています。この海には、同じ海域ながらさまざまに生態やからだつきの異なる四つのエコタイプ、すなわち、「タイプA」「タイプB」「タイプC」「タイプD」が存在することが知られています。

では、それぞれを見ていきましょう。

タイプAは大型の個体（少なくとも九メートルの体長）で、南極海に生息するシャチではもっとも大きいタイプとされています。体軸に平行なアイパッチを持ち（図2・17）、背鰭後縁には明瞭なケープはありません。低緯度海域への移動も見られますが、ほとんどが南極海周辺で、南極大陸からはなれた氷のない海域に生息しています。主にクロミンククジラを餌としています。

タイプBは大型のタイプと小型のタイプとに分けられて考えられて

います。

まず、大型のタイプは体長が大きくなっています（少なくとも九メートルくらいの体長）。背鰭付近には明瞭なケープが見られます。体軸に平行な形のアイパッチが非常に大きいことが特徴です。低緯度海域への移動も見られますが（低緯度海域で暮らす期間は上述のタイプAに比べると短い）、ほとんどが南極海周辺ですごし、パックアイス周辺域でよく見られています。主食は、流氷上のウエッデルアザラシなどのアザラシ類です。

また、これよりややからだが小さいほうのタイプB（矮小型）は、前述の大型のタイプBより平均的に約一メートルほど体長の小さいものです。これもサドルパッチ付近に明瞭なケープが見られます。からだは珪藻でおおわれ、体色の白い部分がやや黄色みがかって見えます。南極半島西部やウエッデル海などで多く目撃されています。餌は主にサカナやイカと考えられ、まれにペンギンを食べているようすが目撃されています。

タイプCはシャチでも小型のタイプ（成体の平均が五・二～六メートル、最大は六・一メートル）で、タイプAよりも一～三メートルも小さいからだをしています。体軸から四五度ほど斜めに傾いたアイパッチをしているのが特徴となっています（図2・17）。また、からだは珪藻でおおわれて黄色みがかった体色になっています。主にロス海を生息域としており、魚食性で、定着氷に沿ってサカナ追い、餌にしています。

最後にタイプDは近年発見され、まだ目撃例がきわめて少ないタイプです。

丸みを帯びたメロンと、そり返ったような背鰭をしています。そしてなにより、体軸に平行なアイパッチが極端に小さいことが大きな特徴です（図2・17）。亜南極海域に生息しているとされ、魚食性と考えられていますが、詳しい生態についてはよくわかっていません。

タイプDがはじめて確認されたのは一九五五年にニュージーランドの海岸に座礁したときのもので、そのとき、そのうちの一個体の骨格がニュージーランドの国立博物館に保管されました。しかし、それ以降は目撃例もきわめて少なく、そのためタイプDは遺伝子の異常による突然変異したものと考えられてきました。遭遇例が少ないことからサンプルの入手もなく、研究の進展も見られませんでした。

このタイプDについては一九五五年の発見以来、科学的な検証がされずにきましたが、二〇一三年に、一九五五年の保管個体の骨格についてDNA解析され、ゲノムマップが作成されました。その結果、ほかのAからCのタイプとの遺伝的な相違が明らかになり、新種の可能性が示唆されています。このDが、AからCと枝分かれした時期は約四〇万年前と推定されています。また、二〇一七年には四〇頭のタイプDの群れに遭遇したカメラマンが写真の撮影に成功し、さらに、二〇一九年には二五頭の群れから皮膚と脂肪の小片が採取され、DNA解析が行われています。独立の種（新種）として認められるには形態的形質の詳細な測定やDNA分析が必要であり、解析の進展が待たれています。

このように、シャチには生息海域に応じて、食性や形態的に計一〇種類のエコタイプが提唱されています。これまではシャチは1種として考えられてきましたが、こうしたエコタイプのちがいから、一部を別種扱いする考え方も生まれています。

さて、ここで紹介したほかにもシャチは各地の海に生息していますが、エコタイプが規定できるほど生態が知られていなかったり、目撃される季節が限られていたりで、生態系のわかっていないものも少なくありません。

シャチを襲う危険

海の生態系では無敵を誇るシャチにも絶滅の心配がないわけではなく、ひそかに危機が忍び寄っています。海域によってはシャチの個体群が大きく減少しているところもあります。その原因はいずれも私たち人間の生活がもたらしたものである可能性が高いのです。

海洋汚染が叫ばれて久しいですが、海洋を汚染する因子のうち、ポリ塩化ビフェニル（ＰＣＢ）、ダイオキシン、ジクロロジフェニルクロロエタン（ＤＤＴ）などをはじめとする種々の有機塩素系化合物は海洋生物にとってたいへん深刻な問題をもたらしています。

たとえば、ＰＣＢは有機化合物の一つで、私たちの日常生活ではコンデンサー、冷却剤、塗料、絶縁体など、電化製品をはじめとして広く使われてきました。しかし、その有害性が問題になり、二〇〇四年のストックホルム会議において生産も使用も禁止され、現在も世界的に全廃を目指した活動が行われています。そうしたことから環境中に存在する量は減少したものの、まだ破棄されずに機器類に存在したままになっている量も少なくなく、一定の量で安定して存在しているといわれます（八〇パーセントは未処分のままという計算もあります）。そしてそれが現在も依然として海中にも存在しており、これが海洋生物の体内に入り込んでいることが大きな問題になっています。

ＰＣＢは分解速度が遅く、生体分子に引き寄せられる性質があるため、食物連鎖のなかに入り込みやすいことが考えられます。海中を漂い、餌を介して最終的に生態系の頂点であるシャチの体内に入り込んだＰＣＢなどの有機塩素系化合物は分解が遅く、また、脂肪との親和性が高いため、シャチの脂肪（皮脂）の部分にきわめて高い濃度で蓄積しています。

たとえば、ブリティッシュコロンビアのシャチでは脂肪一キログラム当たり最大で二五一・二ミリグラム（トランジェントのオス）となっており、また、二〇〇五年に北海道の知床半島（羅臼）に座礁したシャチでは、脂肪一グラム当たり一八〜六四マイクログラム（一マイクログラムは一グラムの一〇〇〇〇分の一）という量が含まれていたことがわかっています。これらはざっと計算して、ヒトの体内に蓄積されている量の数十倍から数百倍もの濃度になります。

そして、シャチが泳ぎまわったり種々の行動・運動をすると体脂肪が代謝され、脂肪中のそうした有機化合物が血液中に流れ出ていくことになります。こうした物質は免疫機能や生殖機能に異常を起こしたりするほか、神経毒としての作用をすることもあり、深刻な健康被害につながります。

一部のシャチでは、繁殖に影響するとされる濃度の二五倍ものＰＣＢが存在することがわかっています。生態系（食物連鎖）の頂点に君臨するシャチは地球上でもっともＰＣＢに汚染された動物の一つになってしまいました。このままでは三〇から五〇年後には、日本ばかりでなく、ブラジル、イギリス、北東太平洋でシャチの生息数が半減、さらに一〇〇年後には日本、ハワイ、西アフリカなどの海でシャチは、ほぼ絶滅するという予測もあります。

もう一つの敵

また、近年シャチの生態を悩ますもう一つの問題が船からの騒音です。

沿岸の海域では大型船から小型船、漁船やクルーズ船など、さまざまな船が、日夜、往来しています。それらの船からはさまざまな音が発生していますが、そうした音（雑音）がそこに生息する生物の生活を脅かしている可能性が指摘されています。被害に遭う動物として、イルカ類、シャチもその例外ではありません。

船のエンジン音や搭載した機器類から発せられる音は高周波数から低周波数まで幅広い帯域を有し、音の強さもさまざまあります。後述するように、シャチはホイッスル、クリックス、コールなどの鳴音を発していますが（78頁参照）、そうした船からの「騒音」がシャチ（やそのほかのイルカ類も）の鳴音をかき消してしまうことが指摘されています。

また、そもそもそうした騒音が動物の適正なコミュニケーションを阻害することもあり、イルカやシャチに関していえば、正確なエコーロケーションも妨害してしまうので、大きな問題となっています。

実際、一部のシャチが船の騒音に負けないよう、そうした騒音を上回るような高さや強さの鳴音を発していることが確認されており、そうなるとシャチの消費エネルギーを増大させてしまっている可能性があります。鳴音を発するトリの研究では、大きな声を出すと酸素の消費量が増加し、その結果、代謝が活発になって消費エネルギーが増加することが明らかとなっています。同様のことがシャチにも起きていることは想像に難くありません。

騒音は船体だけではありません。かつて米軍の潜水艦から発せられる大音響のソナー音が多数のクジラやイルカに方向感覚の失調や脳内出血を起こさせ、死に至らせているのではないかということが問題になりました。検証のためにソナーを発する模擬実験が行われましたが、その結果、少なくともヒゲクジラ一六個体、イルカ類二個体が海岸に打ち上げられ、脳と耳骨の周辺には大きな音にさらされた際の損傷と見られる出血も認められました。シャチにおいてはまだそのような報告はありませんが、音を駆使する鯨類の一つにはちがわないので、そうした被害がどこかで生じている可能性も否定できません。

また、感染症による疾病も新たな脅威となるかもしれません。

アメリカやカナダの北米西岸域の野生のシャチの呼気からいくつかの病原菌が検出されています。それらは植物由来の菌、陸棲動物の糞に含まれる細菌、あるいは家畜の肉に存在する微生物などといったもので、およそ海には存在しないものばかりです。また、いわゆる抗生物質への耐性菌も見つかっています。

これらの病原体がシャチの呼気に侵入した経路は不明ですが、人間生活によって排出された汚水・廃水中に含まれていた菌が豪雨や河川への流入を通して海に流れ込んだものである可能性が考えられます。

3章

狩りをするシャチ

「群れる」わけ

野生動物のなかには多くの個体が集まって「群れ」をつくるものが少なくありません。陸棲動物では、哺乳類はライオンやゾウ、シマウマ……、鳥類はカラス、カモメ、ムクドリ……、そして昆虫ではハチ、アリ……、まだまだほかにもたくさんの動物で群れは見られ、枚挙に暇がありません。海の動物も同様です。サンマ、イワシなどをはじめとする魚類のほか、イカも集団をつくる動物ですし、さらに底生動物もしかりです。海のなかでも多くの動物が群れをつくって生活をしています。

「群れ」の定義はさまざまありますが、たとえば「同種の個体が限られた範囲の空間で生活し、互いに係り合っている状態」という説明もできます。あるいは「半径一〇〇メートル以内の個体すべて」といった表わし方をする場合もあります。鯨類の場合では「同じ種の個体が体長の二～三倍程度の距離で同期して同じような行動をとっている場合」を群れと定義することがあります。

そうした群れにはさまざまな形態があります。

一口に群れといっても、サンマやイワシのように多くの個体が集合しても社会的な関係が希薄な群れもあれば、個体間に社会的順位（たとえばニホンザルやオオカミなど）や役割分担（たとえばハチやアリなど）といった社会的構造を形成するものもあります。そのなかで、群れとしてもっとも基本的なものは親子でしょう。

そもそも動物はなぜ群れるのでしょうか。それは群れをつくるには利点があるからです。

まず、多くの個体が集まれば感覚が増加・集約されるため、天敵の発見、防御に有利になります。一個体なら気がつかなくても、多くの個体がいればそのうちの誰かが天敵に気づけば、それだけ早く天敵を回避したり、逃げることができることになります。

餌の探査についても同様です。多くの個体が集まることによって探査の眼が多くなれば、それだけ餌も見つけやすいわけです。

また、繁殖にも有利な点があります。野生では異性に出会うことは決して簡単なことではありません。広い大海原、あるいは漆黒の海底で暮らす動物にとっては、場合によっては異性に出会うことがないまま一生を終えることも少なくありません。したがって、多くの個体が集合すればそれだけ異性も増えることになり繁殖の機会が増え、子孫を残せる可能性が高まることになります。

弱い動物、小さい動物などは、一個体であれば天敵に襲われたらひとたまりもありません。しかし、多くの個体が集合し群れになっていれば自分が襲われる確率が低下します。これを希釈効果といいます。一方、襲うほうも獲物が多いと、いわゆる〝目移り〟して、結局、誰も捕まえられなかったということもあり得ることです。鬼ごっこの鬼が、大勢いるのに意外と誰も捕まえられないのと同じです。

また、からだの小さい動物も集団になると大きな塊に見えるため、相手を視覚的に威嚇し、捕食者の攻撃を防いだり、他種に対する空間的圧力を増すといった効果があります。

このように群れるにはいろいろな利点がありますが、その反面、欠点もあります。それは利点の裏返しともいえますが、集団になれば敵を見つけやすくなる反面、大勢でいるので敵からも見つかりやすいことになります。また、すぐに餌を見つけることができますが、そのぶん、自分の分け前も減ってしまいます。群れに異性が多いことは確かに利点にはなりますが、そのぶん、ライバルも多く、繁殖が成功しないこともあります。

また、病気にかかったらたいへんです。私たちヒトのように、集団のなかの特定の個体だけ隔離されるということはないので、感染症の蔓延や寄生虫の感染といった健康面の心配も群れにとっては深刻な問題になります。

このように群れることにより多くのコストが発生することも少なくありません。しかし、そうしたコストを上回る利益があるので動物は群れをつくり、そして、そうした欠点を克服しながら生きているのです。

イルカの群れ

多くのイルカ類も群れをつくって生活しています。ただし、淡水にいるイルカ類は、逆に、単独で生活していることが多いようです。

海洋性のイルカ類がつくる群れは、一般にスナメリのような沿岸性の種はあまり大きな群れはつくらず、その数は数個体から数十個体程度です。これに対してマイルカやハシナガイルカといったような外洋性の種になると構成する個体数は多くなり、数百からときには数千個体からなる大集団になります。

外洋を航海する船がイルカの群れに遭遇することはよく聞く話ですが、船べりから見える大海原を埋めつくさんばかりのイルカの大群はさぞや壮観なことでしょう。

一般に動物が群れをつくるとき、成熟するのに伴っていずれかの性が生まれ育った群れから離脱していくことが多いようです。鳥類ではメスが群れから出ていくことが多く、哺乳類では逆にオスが群れから出ていくことが見られます。その結果、哺乳類では血縁のメスだけが残った集団になるわけです。

イルカ類も同様で、メスを中心とした母系家族の群れとなっています。ちなみに動物が群れをつくるのに利点があることは前述のとおりですが、イルカにはさらにもう一つ利点があります。それは多くの個体が集合することにより子どものイルカの育児に協力しあえることです。これは社会性の高いイルカならではのメリットといえます。

では、シャチはどのような群れをつくるのか、イルカと同じような群れをつくるのか、そこを見ていきましょう。

シャチの群れ

シャチも複数の個体が集合し群れをつくって暮らしています（図3・1）。イルカの群れは、前述したように母系社会といわれますが、シャチもその例にもれず、母子を中心とした非常に堅固な社会的なつながりを持って生活しています。

すでに紹介したように、一九七〇年代からアメリカのワシントン州からカナダのブリティッシュコロンビアにかけての海域（図2・16）で野生のシャチの観察が行われてきました。

図3・1　集団で泳ぐシャチ（写真提供 中山誠一氏）

そして、長期にわたる膨大な観察結果からさまざまなシャチの生態が明らかにされてきました。それによると、その海域のレジデントタイプ（58頁参照）のシャチは母子を中心としたサブポッドとよばれる集団（家族群）をつくり、そして血縁のあるサブポッドどうしがいくつか集合して拡大家族群、すなわち、ポッドを形成しています。ポッドを構成する個体数は三～五〇個体（通常は三～二五個体が多い）とされています。ポッドはほかの海域でも見られますが、構成する個体数には海域よりちがいがあり、アラスカ沖や南極沖では一〇〇個体以上からなるポッドがあります。

哺乳類には珍しく、オスは一生、母親のポッドにとどまることが知られています。また、メスはそこにとどまるか、子どもを産んで新たに別のポッドをつくることもあります。バンクーバー島のトランジェントの例では、長男は一生母親のもとにいますが、次男以下は母親のポッドからはなれ、母のポッドと同じ生活域のなかで単独の生活をすることがあるようです。

ポッドの上のレベルはクランとよばれ、いくつかの血縁関係のあるポッドが集合したもので、さらに、その上の集団はコミュニティーとよばれています。北米西岸海域のレジデントでは一つのコミュニティーにはいくつものポッドが属していますが、すべてのポッドが一か所に集まることはめったにありません。

ただ、コミュニティー内のポッドがいくつか集合して一〇〇個体以上のシャチが集まることがあり、それはスーパーポッドとよばれています。これは複数のポッドが集合し交配をすることにより、近親交配のようなことを防ぐためではないかと考えられています。また、こうしたなかではオスどうしの疑似性行動のような行動も見られ、オスどうしの社会的地位争いか、メスの気を引くための行動か、その意味はよくわかっていません。

このように同じコミュニティー内のポッドが集合することはありますが、コミュニティーが異なるポッドが集まることはありません。

これに対してトランジェントは大きな群れはつくりません。比較的小集団（数個体程度）で各地の海を移動しながら暮らしています。

シャチの子殺し

シャチが子殺しをすることがあります。

シャチはほかの海獣類や海鳥などを食することはあっても、同種どうしの「共食い」のような行動は観察されたことがありませんでした。しかし、それがカナダのバンクーバー島のジョンストン海峡のシャチで観察されたのです。

母（四六歳以上）と子（オス、三二歳）のペアが、自分たちとは血縁のない一三歳の若い母親と二個体のメスの子シャチからなるグループを襲いました。そして襲ったオスはそのグループの娘シャチ（新生児）を口にくわえて、ほかの海獣を襲うときと同じように、強制的に水没させ溺死（窒息）させたのです。

子殺しの行動は、動物の世界ではたびたび見られるもので、子殺しは、メスに前のボスの子どもを育てる負担を放棄させ、新たに発情を促すことが目的といわれますが、一般に、ハーレムをつくるような動物では、群れのボスが交代するとそのときのメスが抱いていた子ども、すなわち、前のボスの遺伝子を受け継ぐ仔獣を殺すという行動が起きることがあります。こうした子殺しは、陸棲動物ではハヌマンラングールやチンパンジーなどのいくつかの霊長類やライオンなどでも見られますが、鯨類においてもバンドウイルカやシナウスイロイルカなどで子殺しと思われる行動が報告されています。

このように子殺しが観察されている動物は少なくありませんが、シャチでそのようなことがふつうに起こっているのかはわかっていません。それは単にそういう場面が見つかっていないだけなのかもしれません。

死んだわが子に寄り添う

動物に「死」の概念はあるのでしょうか。

野生のシャチで、死んだ子どもの遺体に大事に寄り添い続ける母シャチが目撃されました。太平洋北西部のカナダ西部ピージェット湾付近で、生後まもないと思われる死んだ子どものシャチが、海に沈もうとしているのを母親がなんども浮き上がらせようとして水面に押し上げていました。そして頭に乗せたまま一七日間、群れと一緒に一六〇〇キロメートルも泳ぎ続けていました。

その子シャチがなぜ死んだのか理由はわかりませんが、人為的なことを理由にあげる人もいます。それはヒトのもたらした環境汚染や河川での水力発電、乱獲などにより、餌となるサカナ（サケ類）の生態が変化し、餌不足が起きたというものです。とくにこの親子が見つかったカナダのビクトリア沖では餌となるサケが減少しており、出産数が大きく減少している海域です。

この母シャチは長期間にわたってこうした死んだわが子を連れ、群れの仲間と一緒にいたことがわかっています。チンパンジーでも、やはり、なんらかの理由で死んでしまった子どもを母親のチンパンジーが、何日にもわたって背負っていたという話が知られています。チンパンジーもシャチも死という概念があるのか、あるいは母親の子への愛情の表れなのか、想像はつきません。

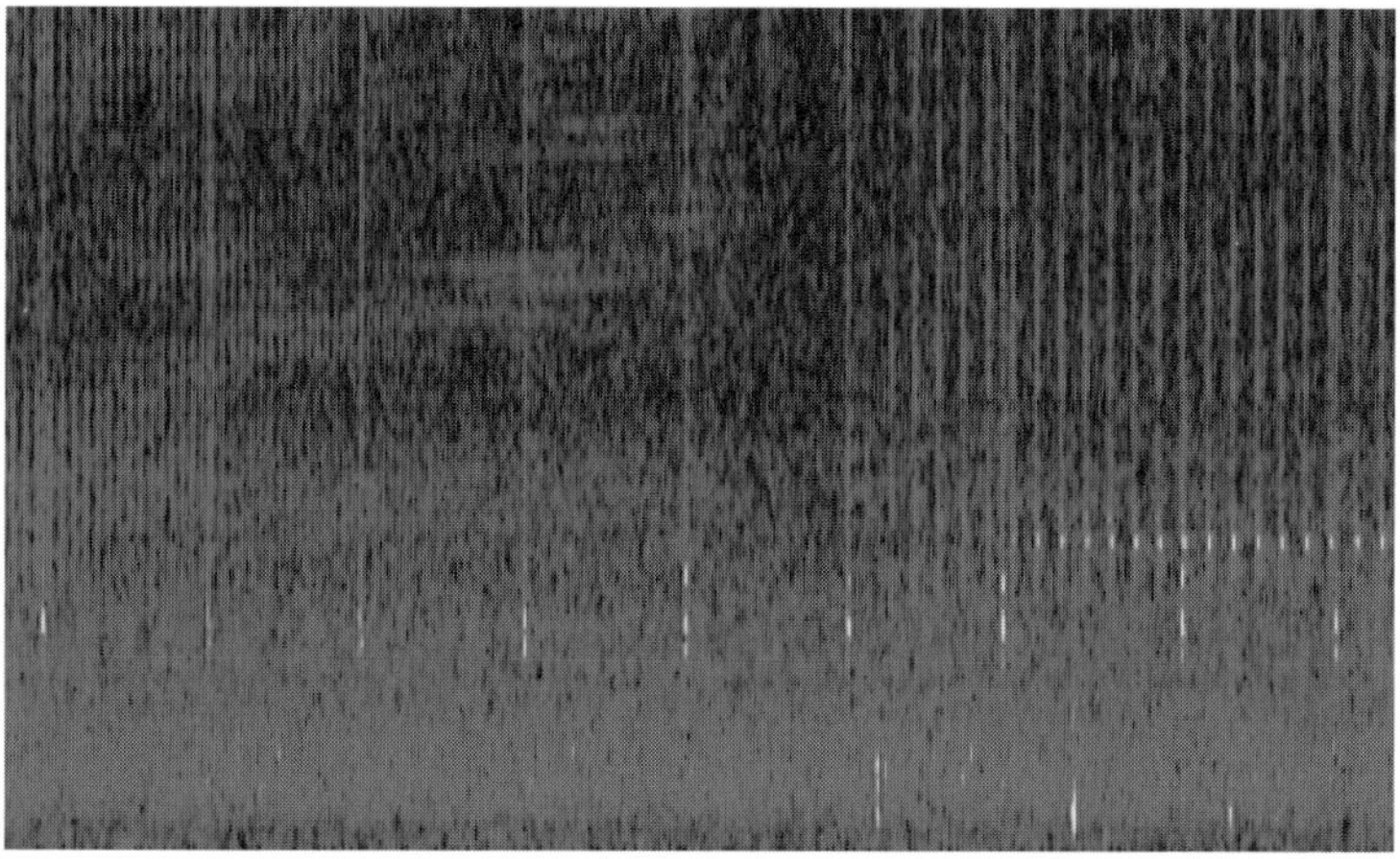

図3・2　シャチのクリックス（提供 北海道シャチ研究大学連合）

シャチの鳴音

水中は空気中と異なり、音が速く（秒速約一五〇〇メートル。空気中の約四～五倍の速さ）、遠くまで（理論的には空気中の約一万倍の距離）とどく性質があります。そのような水中で暮らすイルカ類は「音感の動物」といわれるように、音を巧みに利用して生活をしています。

イルカ類はさまざまな鳴音を発することが知られ、もちろんシャチも同様です。

ほかのイルカ類と同じく、シャチが発する鳴音には、まずクリックス（図3・2）があります。これはパルス状の音で、一秒間に数発から数十発という頻度（〇・八～二・五ミリ秒という間隔）で発射されます。ギリギリとドアのきしむようにも聞こえる音です。クリックスは周波数帯域が広く、エコーロケーションに利用されています。エコーロケーションとは、クリックスを発射して対象物に反射してもどってきた音を自分で検知して対象物の物理的な特徴

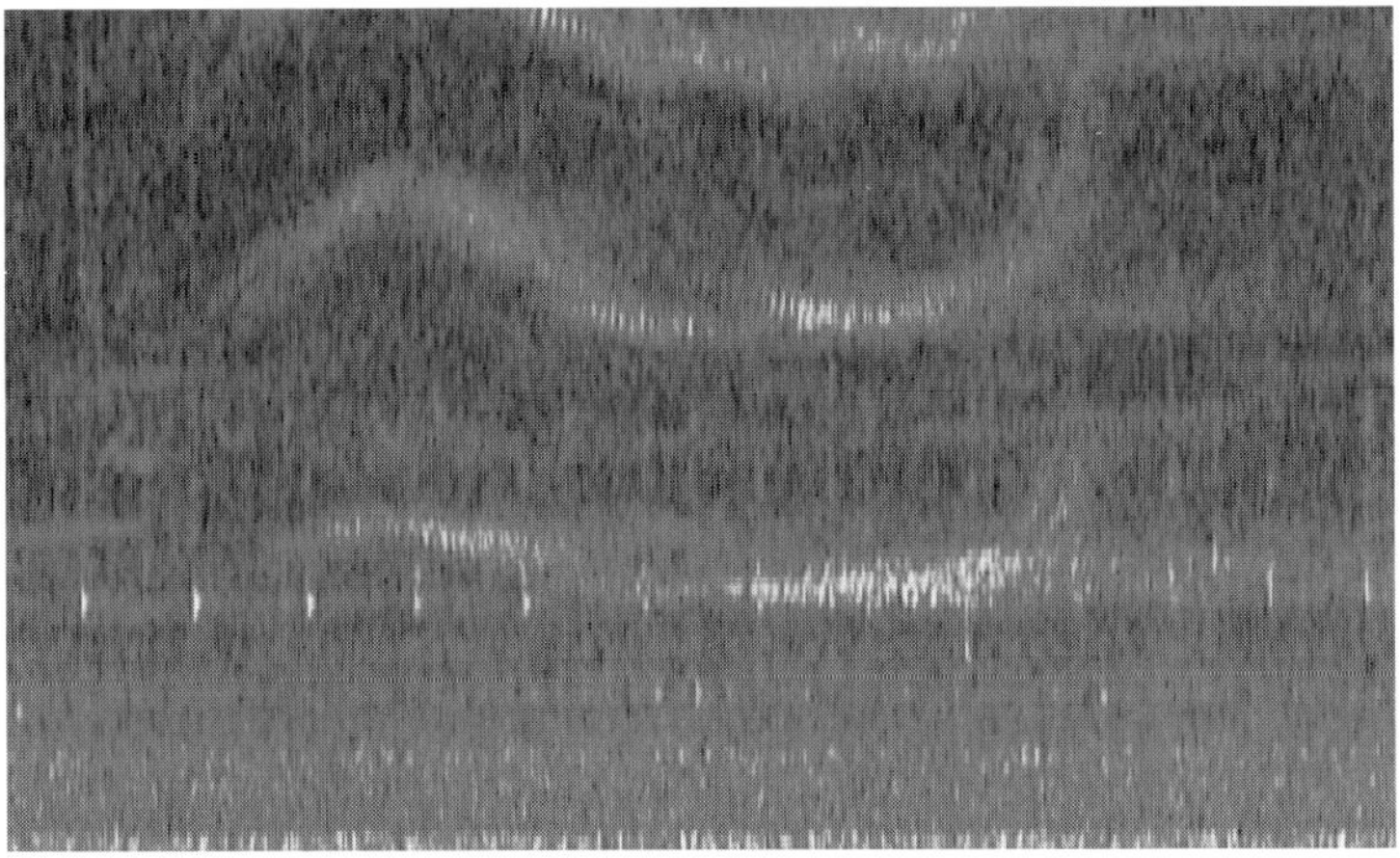

図3・3　シャチのホイッスル（提供 北海道シャチ研究大学連合）

（大きさ、形、材質、距離、移動方向など）を知る能力です。

シャチ（ほかのイルカ類も）の発する音の二つ目はホイッスル（図3・3）で、いわゆる口笛のように聞こえる鳴音です。〇・〇五～一二秒くらいの継続時間を持った、周波が一・五～一八キロヘルツくらいの連続音です（周波数帯域は主に六～一二キロヘルツ）。このホイッスルは社会的な相互行動の際によく発せられており、イルカではコンタクトコールとして用いられているのではないかと考えられています。

コール

シャチの鳴音でもっとも特徴的なのがコールです。これは短いパルス状の音で、そのパルスが密に連続し合っています。周波数は二五キロヘルツくらいまでの広い帯域を持った鳴音です。

コールは「方言」などといわれることもあるように、さ

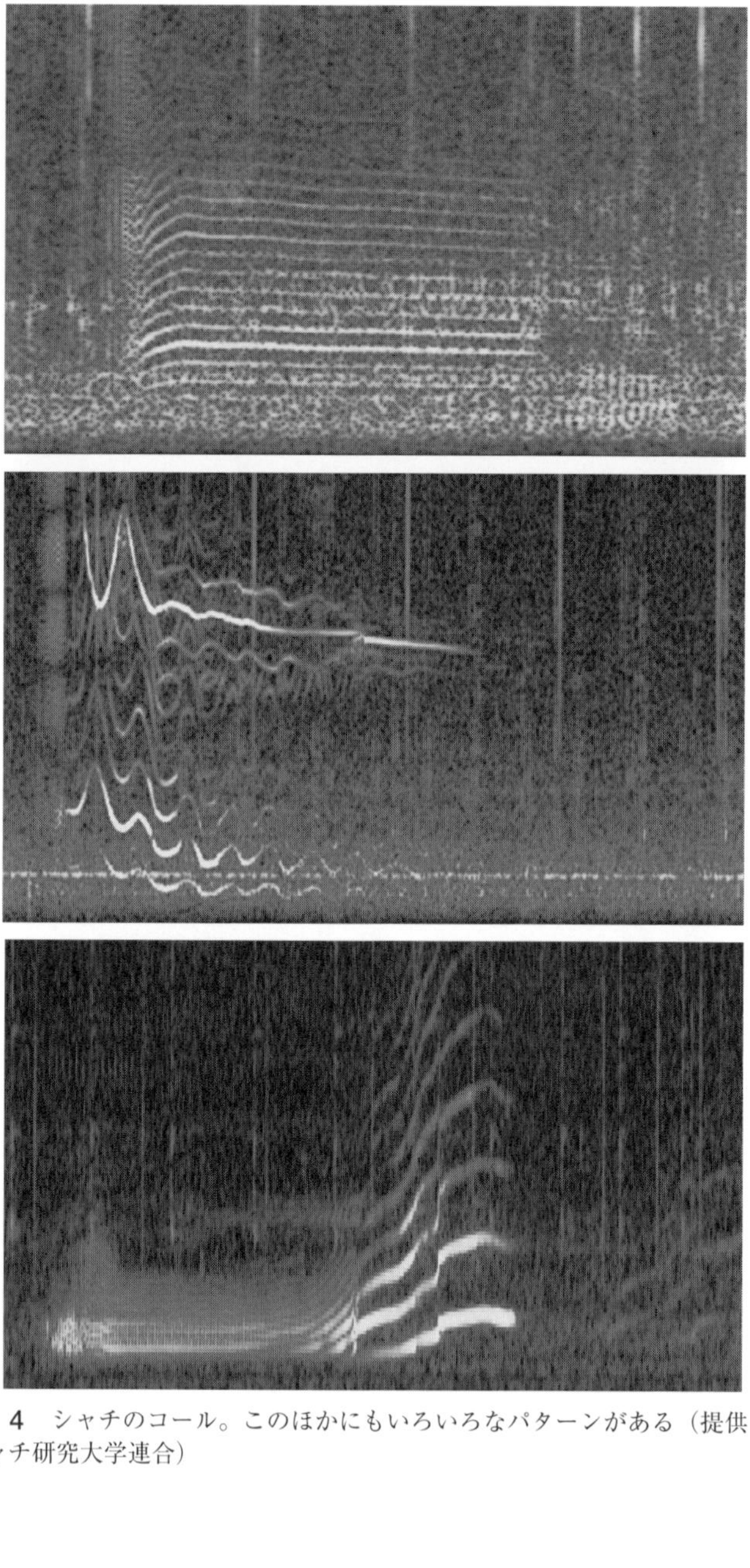

図3・4　シャチのコール。このほかにもいろいろなパターンがある（提供 北海道シャチ研究大学連合）

まざまなパターンがあることが知られています（図3・4）。それぞれのポッドにはこうした固有のコールがあることが知られています。

海で広がって泳いだり、あるいは策餌をするときなどにはお互いに盛んにコールの鳴き交わしが行われています。コールは各ポッド（家族）を構成するメンバーで共有され、それがポッド内で母から子へと代々伝わっていきます。ポッド内では一〇年かそれ以上安定しているといわれています。また、血縁関係が近いほど共有するコールが多いことも知られています。

アメリカのワシントン州からカナダ・ブリティッシュコロンビア州沿岸では、長年にわたってレジデント（58頁参照）のコールが研究されてきましたが、それぞれのポッドに固有のコールについて解析が進められています。コールの特徴でポッドの識別もされています。

なお、前述のようにポッドの集合したものがクランですが、一つのクランを構成するポッドはコールを共有していますが、異なるクランでは音は共有していません。

鳴音の工夫

レジデントのシャチとトランジェントのシャチ（59頁参照）では、鳴音の出し方にちがいがあることが知られています。

母系家族からなり、多くの個体が集まるレジデントのシャチは採餌やそれ以外のときにも鳴音も頻繁に発し、お互いのコミュニケーションににぎやかに音を利用していると考えられています。

これに対してトランジェントのタイプは、比較的鳴音は発せず、静かに動きまわり暮らしています。ほかのトランジェントの個体の位置を探るような場合には鳴音を発することもありますが、トランジェントはエコーロケーションの頻度もレジデントに比べて少ないとされています。ほかの哺乳類を獲物としている彼らは、自分たちの存在をそうした動物たちに気づかれるのを避けるために、あまり音は発しないでいるのです。獲物を狙い、追跡し、襲いかかるときにもほとんど音は発せず、鳴音を発するのはそうした狩りが終わったあとなので、彼らの鳴音についてはなかなか研究が進んでいません。

さて、シャチの獲物になるイルカも黙って狙われているわけではありません。シャチに自分たちの鳴音を聞かれて存在（居場所）を察知されることのないよう、彼らなりに音の出し方や聞え方に特性があるのです。

前述したようにハクジラ類はさまざまな鳴音を発していますが、それらの音はクリックス、ホイッスル、バーストパルスに大別されます。このうち、クリックスはほぼすべてのイルカが発しますが、イロワケイルカ属（セッパリイルカ属）、ネズミイルカ科、ラプラタカワイルカなどはホイッスルを発しません。水族館でこうしたイルカが展示されている水槽の前に立つと、静かに彼らの泳ぐ水音が聞こえるのみです（超音波のクリックスはヒトの耳には聞こえないので）。

さて、シャチに狙われやすいこうしたイルカたちの発するクリックスの特性を調べてみると、興味深いことがわかります。クリックスの周波数は一〇〇キロヘルツ以上のものばかりなのです。これに対して、実験的に調べられたシャチの受容しやすい（もっとも感度が良い）音の高さは三〇キロヘルツ前後で、さらにシャチが聞こえる音の高さ（可聴域）は一〇〇キロヘルツ前後までとなっています。

こうした関係について、たとえば、ネズミイルカを見てみると、ネズミイルカは日本では東北から北海道の沿岸に生息し、国外の海域でも比較的寒冷な海域に生息していますが、それらはシャチの生息域とも重複しています。ネズミイルカの鳴音について実験的に調べられた研究によると、ネズミイルカが発する音の帯域は、シャチが受容しやすい周波数の受容帯域と大きく異なって（ずれて）います。一方、ネズミイルカが受容しやすい音の周波数は、シャチの発生音の周波数と一致していることがわかっています。つまり、ネズミイルカはシャチに聞こえる音の帯域を避け、シャチには聞えないように音を発し、逆に、シャチの発する音はよく聞こえるような聴覚をしていることになります。

シャチの獲物になる動物たちは、こうして鳴音の高さ（周波数）を出し分けたり、シャチの鳴音が聞こえる高さに聴覚を合わせることで、シャチから身を守る適応をとげてきたことが考えられます。

イルカの狩り

シャチが堅固な家族を有することはすでに紹介したとおりですが、そもそもシャチを含むハクジラ類は、一般に高度な社会性を持っていることが知られています。母子を中心とする母系家族をつくり、ほかのイルカと闘争したり、繁殖行動をしたり、ときには複数で遊んでいるとも思える行動も見せてくれます。また、母イルカが餌を探しに遠くまでや深いところまで出かけているあいだ、ほかのメスが残された子イルカの面倒を見る乳母のような行動を示すことも知られています。そして、採餌の際にも仲間のイルカどうしでの協力行動を見ることができます。

イルカは、餌となるサカナを狙うときには単独で追いかけることもありますが、ほかの仲間と協力して獲物を狙う、すなわち「狩り」をすることが知られています。そのいくつかを紹介すると、複数のイルカが横一列に並ぶようにして泳ぎながら餌とするサカナの群れの探索に出かけたり、ときには仲間が協力してV字やU字の隊形をつくり、サカナの群れを探しまわります。そして、ひとたびサカナの群れに遭遇したら全員で群れを囲い込んで捕食します。こうした餌のサカナを群れで共同して追いかけ囲い込む行動はハラジロカマイルカ、バンドウイルカ、マイルカなどのほか、いくつかの種で観察されています。

また、サカナの群れを見つけたら、一部のイルカが先まわりしてサカナたちのいく手を通せんぼし、集団で両方向から挟み撃ちなどのやり方をするときもあります。あるいは、先まわりしたイルカが呼吸孔から泡を出してサカナの群れの前方に気泡のカーテンをつくって、サカナのいく手をさえぎり襲いかかるという高度なテクニックも持ち合わせています。

餌を追い込むのは前方にばかりではありません。あるときは下から水面付近にサカナの群れを追い込むこともあります。それは、何個体かが共同でサカナの群れを追い込むことにより、逃げ場を失ったサカナたちは海面付近に密集して塊をつくるようになります。それを襲うというやり方です。また、漁業者が設置した網を利用して囲い込むという行動をしています。

アメリカのサウスカロライナ州では、バンドウイルカがボラの群れを入り江や浅瀬などの岸近くへと追い込み、そして尾鰭で浜へ打ち上げ、自分自身も浜へ乗り上がってそのサカナを捕えるというやり方をします（これをストランドフィーディングといいます）。

こうした狩りの行動はイルカの賢さを表わすとともに、互いに共同・協力して獲物を捕えるという戦略を取ることからイルカの社会性の強さも物語っています。

イルカの同盟

イルカは「同盟」をつくることも知られています。
一、二頭の気の合ったオスがグループとなり、一生、一緒に移動することがあります。そのとき、ほかの群れのなかにいる特定のメスを狙ってほかのオスと協力して、そのメスを群れから駆り出し孤立させるようなことをします。メスをめぐってほかのオスに協力を頼むわけです。
ほかにも、そうしたグループがほかのグループと協力して別のグループに攻撃をしかけたりすることもあります。こうしたほかのオスと同盟をつくる行為は人間の世界でも見られるもので、非常に高度な知的行動ということができるでしょう。

シャチの狩り

シャチも獲物を捕らえるのに狩りをしています。それはどんなふうに行われるのでしょう。

食性のところで説明したように（52頁参照）、シャチには大きく分けてサカナを主な餌とするタイプと海獣類や海鳥までも餌とするタイプとがあります。

サカナを餌とするタイプのシャチは、前述したイルカのやり方と同じようにして、ほかのシャチと協力して餌のサカナを追い詰めたり、囲い込んだりして捕えていきます。

たとえばノルウェーのシャチはニシンを主食としていますが、ノルウェーのフィヨルドには、冬になると北大西洋から越冬するためにニシンが集まってきます。そしてその群れを追ってシャチの群れがやってくるのです。

ニシンは遊泳速度が速く、いかに泳ぎの速いシャチでも、直接群れに飛び込んで捕獲するのは容易なことではありません。そこでシャチは何個体かが協力して高度な戦略を駆使して狩りをします。それは、大量のニシンの群れを追いやすい規模に分断して捕えるという戦略です。

まず、ニシンの群れのまわりを泳ぎまわりながら、群れを分断していきます。このときシャチは自分の白い腹部をニシンのほうに向け海中できらめかせたり、ニシンに向かって気泡を発するなどして威嚇して追い込んでいきます。また、周囲を取り囲みながら、交代でニシンの群れの下に潜り込んだり、あるいは周囲をまわったりして密集させて、襲いやすくします。このように、密集した魚群のまわりを回転木馬のように旋回し追い込んでいく方法は「カルーセルフィーディング」とよばれます。そして徐々にその群れを海面へと追い込んでいくのです。このとき盛んに鳴音がかわされていますが、やがて水面まで追い込まれた魚群の塊が逃げ場がなくなったところで、それをめがけてシャチは襲いかかります。

一部の個体がニシンの塊に飛び込んで尾鰭を振ってニシンを打ちつけ、失神させているあいだ、ほかの個体は周囲をまわって監視をしている光景も見られます。こうした狩りによってシャチたちが一日に食べるニシンは四〇〇尾ともいわれます。

このように、ほかの個体との連携を図るなど、狩りの仕方は非常に知的な戦略ということができるでしょう。なお、このようなカルーセルフィーディングの方法はシャチ以外のイルカでも知られています。ほかには、鰭でパンパンと水面を叩いて水音を出すことで岩かげなどに隠れているサカナをおびき出すこともあります。

一方、イルカやクジラ、アザラシなどの海獣類や海鳥などを捕食するタイプのシャチもさまざまな戦略的手段でこれらの動物を捕えています。狩りの仕方の一例を紹介すると、すでに紹介したようにシャチはイルカの倍近い速さで泳ぐことができるため、イルカはひとたびシャチに狙われたら、逃げてもあっという間に追いつかれてしまいます。海で獲物となるイルカを見つけたシャチはイルカの群れを追跡し、挟み込むように両側に一列になって囲い込みます。そしてその囲みを徐々に小さく絞っていき、一つの塊にしていきますが、そこでそのイルカに一斉に飛びかかるのではなく、一頭ずつ順番に交代でイルカを襲っていきます。

ほかには、強靭な尾鰭でイルカを蹴り上げ、イルカが弱ったところを食べることもあります。

狩りに見る賢さ

鰭脚類もシャチの餌ですが、捕まえるときのやり方は非常に巧妙なもので、シャチの賢さを垣間見ることができます。

鰭脚類のうち、アザラシはシャチの格好の餌ですが、さまざまな方法でアザラシを捕える姿が目撃されています。

たとえば、シャチが無力なアザラシをなんども尾鰭で水面高く（海面から二五メートルの高さまでという報告もあります）蹴り上げている映像がよく紹介されますが、これもイルカの場合と同様に、痛め付けてアザラシを弱らせているのです。

また、シャチが氷の上にいるアザラシを見つけると、さまざまな方法でそれを捕えようとします。氷の下から奇襲をかけることもあれば、氷に乗りあがってきたシャチを見て海に逃げ出したところを追いかけて襲ったり、あるいはアザラシの載っている氷のふちに取り付いて、氷を斜めにしてアザラシがすべり落ちてくるのを待ちかまえるといった頭脳的なプレーを見せてくれることもあります。また、アザラシのいる氷に向かって何個体かでまとまって猛烈に突進して泳いで行き、そのときできた波によって氷がゆれて、アザラシが海中へすべり落ちたところを攻撃するという高度な戦略も見せてくれます。こうしたシャチの戦術はあらかじめ原因と結果を予想しての行動であり、戦略的な計算がうかがえ、その知的さに驚かされます。

シャチが集団で行う狩りは、イルカ類やアザラシに対してばかりではなく、自分よりからだの大きな大型のクジラに対しても行われることがあります。クジラを目の前にしたシャチは、どのようにして仕留めていくのでしょう。

クジラに遭遇したら、まず群れのそれぞれの個体がクジラの胸鰭や口などに噛み付きます。痛め付けて体力を消耗させるのです。また、鯨類にとって弱点である呼吸孔もよく狙う場所です。そしてクジラがこうした攻撃に苦しんで思わず舌を出したところで舌に噛み付き、食べていくのです。

クジラでよくシャチに狙われるのは親子連れです。

シャチはまず親子のあいだに割って入り、親子を引き離し、単独になった子どもを狙うというのが常套手段です。親子（母子）のクジラを執拗に追いまわし、疲労して動けなくなったところで、子クジラを引き離して襲うという戦術です。「子殺し」（76頁）でも紹介したように、一人になった子クジラに乗り上がったり水中に押し込んだりして溺死させるのです。ちなみに、本書の「はじめに」でふれたゲスナーの『動物誌』の絵のなかに母クジラの乳房を吸う子クジラをシャチが狙っているようすを描いたものがあります。シャチがクジラを襲うことは中世の時代から知られていたことがわかります。

しかし、母親のクジラも猛烈に抵抗・阻止をするので、子クジラを母親から引き離すのはそう簡単ではないこともあるようです。

また、シャチが親子連れではなく単独の一頭だけのクジラを襲うシーンもあります。それは子どもを襲うときと同様、水中でクジラにのしかかって浮上させないようにして溺死させるというものです。

また、ときには大きなクジラを襲うこともあります。自分よりもからだの大きな個体はシャチにとってもたいへんなので、群れで協力して襲いかかります。

なお、日本の漁業者たちはシャチが大型のクジラを取り囲んで攻撃することはよく目にしていたようで、それを「シャチ回し」「弁当持ち」などとよんでいました。

ところで、アメリカのカリフォルニア州モントレーでは、シャチが集団で隊列を組んでシロナガスクジラに体当たりしている光景が撮影されました。これまで、シャチとはいえども、さすがに自分よりはるかにからだの大きなクジラ、成獣のシロナガスクジラなどを直接相手にすることはないとされていました。したがって、ここで見られた（撮影された）シャチの行動は「狩り」をするというより、巨大なシロナガスクジラに対して「遊び」をしかけたり、「狩り」の練習をしていたのではないかとも思われます。

ペンギンもシャチの餌です。狙われるのはやはり子どもで、まだ危険を理解していないため、繁殖海域から大海へ泳ぎ出たときなどに狙われてしまうようです。

クジラの防御

しかし、襲われるほうも黙っているわけではありません。たとえばマッコウクジラはシャチに襲われたとき、二つのタイプの防御態勢を取ることがあります。

まず一つ目は、比較的大きな集団になっているときに見られる隊形で、みんなが集まって群れになり、全員がシャチに向かって頭を向けるものです。これは「ヘッドアウトインフォメーション」とよばれています。

また、群れが比較的小さいときには別のフォーメーションが知られています。それは子どものクジラを中心にして大人の個体が頭を内側に向けて取り囲むものです。あたかもマーガレットの花のように見えることから「マーガレットフォメーション」とよばれます。

このように天敵のシャチに対してなんとか自分が襲われないよう、あるいは子どもを守るために集団となって立ち向かうのです。

このほか、大型のヒゲクジラがシャチからほかのクジラを守ろうとするような行動をした観察例があります。

アメリカ・カリフォルニア州モントレーで、シャチに襲われ死亡したコククジラの子どものまわりにザトウクジラがやってきて、しとめた子クジラを食べようと接近してきたシャチに対して胸鰭や尾鰭を使って食べるのを妨害し、なんども追い払おうとしていました。子クジラはすでに死亡していますが、ザトウクジラがシャチからほかのクジラを守ろうとした行動ととらえられています。

こうした、ザトウクジラがシャチの狩りを妨害するような行動については、ここ五〇～六〇年に世界各地の海域で一〇〇件を超える数の報告があります。

またザトウクジラが、シャチからクジラ以外の動物を助けたという例もあり、南極でシャチの群れに襲われたウエッデルアザラシもその一つです。

シャチのアザラシ殺しの戦術は、アザラシを海へ落としてその上に自らが乗り上がって浮上を妨げ、溺死させるというものです。しかし、そうして海へ落とされたアザラシのもとにザトウクジラが近づいてきて、腹部を上にするような姿勢になってその胸鰭のあいだにアザラシを載せ、海中に沈まないようにして、シャチからの襲撃から守ったというものです。

ザトウクジラのこうした行動は、同じ海域に生息するシャチに対する本能的な示威行為とも考えられます。しかし、すべてのザトウクジラがそうした行動をするわけではないことから、かつて自分が襲われたときの学習の結果としてシャチの狩りを妨害しようとしているためとも推測されており、その目的は不明です。

食べた餌を罠に

狩りをするシャチが見られるのは海ばかりではありません。飼育下のシャチも「狩り」をすることがあります。

シャチに限らず、飼育下の海獣類は時間を決めて給餌が行われるのがふつうですが、その餌はサカナの切り身であったり、丸ごとであったり、また、サバであったりホッケであったりと、その飼育施設の事情や動物の体調に合わせて与える餌の種類や量、形、回数などが決まっています。それはシャチにおいても同様です。

ある水族館でシャチに餌を与えたところ、シャチはその餌を飲み込むことをせずに口に残したままにしていました。そしてしばらくするとそれを目の前にあるプールサイドのくぼみに放り出しました。すると、どこからともなくカモメなどの水鳥がそのまわりに集まってきて、シャチの放り出した餌を食べようとして、プールサイドのくぼみに舞い降りてきました。そのとき、突然シャチが水面から飛び出し、吐き出した餌を取ろうとしていた水鳥に襲いかかったのです。このように、シャチは自分が与えられた餌をさらに「罠」として、それを狙ってくる水鳥たちの「狩り」をしたのです。

カモメに餌をあげる

しかしその一方で、飼育されているシャチが、与えられた餌を食べずに、近寄ってきた水鳥にあげている光景も見られています。

観察されたのは鴨川シーワールドのシャチですが、シャチが餌として与えられた魚の切り身を口にくわえて上空を見上げていると、そこへカモメがやってきてシャチの口からその餌を取っていったのです。口にくわえて見上げている行動は明らかにトリに向かっているものと思われ、トリに餌を与えようとしている意図があると判断されます。これはほかの個体がしているのをまねして学習したようなのですが、うまくいかないこともあります。

こうした微笑ましいようにも思える行動もカモメを遊び相手ととらえているからかもしれず、イルカの「遊び」と共通するシャチの知的さを示すものです。

オタリアを襲う

アルゼンチンのバルデス半島ではシャチがオタリアの群れを襲う狩りが有名です。それは浜辺に上陸して休養しているオタリアの集団めがけて、突然、海からシャチが襲いかかるというものです。ちなみに、オタリアは鰭脚類のアシカ科に属する動物で、南アメリカ大陸中南部の太平洋岸から大西洋岸にかけて（ペルー沖〜ホーン岬〜ブラジル沖）生息しています。日本では水族館の一部で飼育されているだけで、日本の近海では見ることはできません。

このバルデス半島の浜はオタリアやミナミゾウアザラシの繁殖地になっています。この地は岩場が多く、また干満の差も大きいので、それらの動物たちの幼獣の絶好の遊び場です。シャチは、毎年一〜五月ごろになるとオタリアがこの浜辺に来遊することを知っていて、自分たちもその季節になるとその海岸へやってきます。そして浜辺で集団になっているオタリアめがけて浜に乗り上げて襲いかかるのです。これは前述したイルカで見られるストランドフィーディングと同じですが（85頁参照）、実はそこにはまたシャチのとても知的な戦略があります。

シャチは水中を縦横無尽に泳ぎまわることができる海の強者ですが、そんなシャチでも浜辺に乗り上げて、そのまま座礁してしまう危険性は十分あります。そこで浜に座礁してもどれなくなることがないよう、オタリアのいる浜にいく前に、そこから数キロメートルほどはなれた誰もいない浜辺で、干潮時に浜に乗り上げては海へもどるという「練習」をなんどもしているのです。小石の多い海岸で、大きな海底の傾斜を利用して浜へ乗り上がってはもどることをくり返します。それは、大人の個体は自分の熟練のために、また、幼獣には浜辺に押し上げてはもどる練習をさせて、あたかもその「秘訣」を伝授しているようです。また、この練習が干潮時というのは、万一座礁しても、潮が満ちてくれば海へ戻れることを計算しているからかもしれません。

さて、いざオタリアの群れを攻撃するときには、自らは背鰭が水面すれすれに見え隠れするくらいの深さで潜水して、オタリアに気づかれないように浜辺に接近します。このとき前進するときにできる波の透明な波頭がレンズのような役目をするため、水中のシャチからは浜にいるオタリアの姿がよく見えています。シャチは、海にもどれるようなこの浜の一五〜二〇度という適度な傾斜や打ち寄せる波の返る波をも計算しながら、浜辺で油断しているオタリアに時速六〇キロメートルの速さで一気に襲いかかります。

実は、かつてこの浜にはこうしたオタリアの狩りを行う「メル」と「バーナード」と名づけられた一〇歳ちがいの兄弟のシャチがいました。この兄弟のシャチは、兄のほうがオタリアに波音を立てずに接近し、奇襲をかけ、もう一方の個体はその後ろのほうで待機し、海へ逃げてきたオタリアを待ちかまえて襲うという行動をしていました。この囮作戦のような行動はまさに兄弟の連携プレーです。また、別の個体では、近くの水路で待ち伏せをして、そこを渡るオタリアを待ち伏せして襲うという戦略を取ることも観察されています。

このようにシャチは知的なやり方でオタリアをしとめていきますが、狙うのは主として幼獣のほうです。

さて、シャチがそうして捕らえたオタリアを尾で空中に放り投げては弱らせている光景はよく映像などでも紹介されています。これは弱らせて食べるためです。しかしその一方で、しとめたオタリアの幼獣をそういうたぶるようなことをなんどもくり返しながら、食べることはせず、最後は岸にもどすという光景も見られました。この行為については、こうしたもて遊ぶような行動が狩りの練習の一つであると思われるほか、自分の子どもに狩りの仕方を教えるという教育的な行動とも考えられています。こうしたところにシャチの本当の知的さがあるのかもしれません。

このようにシャチは自らの経験と学習に基づくさまざまな知的戦略を駆使して狩りをしていることがわかります。

クロゼ諸島

ストランドフィーディングが行われているのはアルゼンチンばかりではありません。インド洋に浮かぶクロゼ諸島でもシャチのビーチハンティングが行われています。

ここでは九月ごろにゾウアザラシが出産をしますが、シャチはその季節にゾウアザラシがやってくることも、また、やがて生まれた子どものアザラシが海に出てくることも知っていて、海で待ち構えています。先述のアルゼンチンのシャチと同じように、シャチは浅瀬で自らが海浜に乗り上がってはもどることをくり返し、浅瀬にやってくる幼獣を襲う練習をしているのです。

大人は自らの技を磨くためですが、子どものシャチには、座礁をしないように、わざわざ浜に押し上げてはもどらせるという練習をさせています。実際、座礁した子シャチが、たまたまそこで観察をしていた人間の研究者に助けられたという逸話もあるほどです。子どもが練習しているあいだ、親や仲間たちは、万一、子どもが座礁しても押しもどせるような位置で待機しています。また、アザラシの狩りをするときにも、仲間が近くで監視しているようです。

アザラシの子どもは、生後、しばらくは陸に近い安全な場所で暮らし、島内の浅い水路のようなところで泳ぎの練習をしています。しかし、やがて餌を自分で取るために海に出ていかねばならず、そのときシャチに狙われるのです。

シャチは泳ぐ水音でアザラシを認識しています。たとえば、ヒトがわざと同じような水音を立ててアザラシのまねをしてシャチに近づいても、シャチはすぐに（アザラシではないことに）気づくようで、寄って来ることも、襲いかかって来ることもありません。

前に紹介したカナダのジョンストン海峡でサケを追っているシャチたちも、また、アルゼンチンのバルデス半島でオタリアを襲うシャチたちも、そしてこのクロゼ諸島のシャチたちも、餌とする動物たちの移動の季節や移動経路をよく知っていることがわかります。

きっと、先祖代々、そうして経験的に狩りの時期や方法が伝わってきたのでしょう。

4章

シャチとの出会い

北方の人々とシャチ

シャチは世界中の海に分布していますが、餌の豊富なこともあり、とくに水温の低い高緯度海域を好んで生息しています。

ノルウェーのティスフィヨールにはシャチの岩壁画があります。今から約九〇〇〇年前のものと推定されていますが、北の地域の人々はそのころからシャチと出会っていたのでしょうか。

北半球の高緯度には北極海を囲むようにユーラシア大陸や北アメリカ大陸が広がっていますが、そこでは多くの北方民族が生活をしてきました。その人々は古くから海洋生物と係りを持ち、自らの生活のなかで「海の幸」として利用してきました。

それは魚類や海藻類だけでなく海獣たちもその対象で、海獣狩猟は彼らの重要ななりわいの一つとなっていました。そうした生活のなかでシャチもそれらの民族の暮らしに深く係ってきた動物です。いったいどんなつながりがあるのか、北方民族とシャチの係りについて概観してみましょう。

アイヌ

アイヌは北海道を主な居住地域とする先住民です。かつては北海道だけでなく千島列島全域や樺太(現、サハリン)南部、カムチャッカ半島南部のほか、本州の東北地方にまで住んでいました(今でも北海道はもちろん、東北地方にもアイヌ語が語源の地名があります)。

狩猟、漁撈、採集を主ななりわいとし、陸獣ではエゾシカ、エゾヒグマ、クロテン、キタキツネ、エゾタヌキ、トナカイなどが主な狩猟対象でした。また、海ではサケ類（シロサケ、カラフトマス）が主な漁の対象のほか、ニシン、カジキ類、マグロ類などを取る漁撈が行われていました。しかし、海獣狩猟も盛んに行われ、アザラシ類、オットセイ類、トドなどのほか、イルカやミンククジラなどの鯨類も彼らの貴重な獲物でした。

アザラシ猟は主に春の流氷域で行われ、アザラシの脂肪の油は干したサケにつける調味料として用いられていました。こうした海獣類は毛皮、食料としての肉、脂肪、内臓が利用されたほか、交易品としても用いられていました。また、ラッコも獲物一つで、毛皮が江戸幕府や大陸（中国）との重要な交易品とされていました。

ところで、クジラ漁は北海道からアリューシャン列島にかけて行われており、クジラをしとめるのに離頭銛といわれる海獣用の独特の銛（アイヌ語で「キテ」）が使われ、銛の先にトリカブトの毒を縫って獲物をしとめていました。こうした漁法は千島からアリューシャン列島にかけて広く行われていたようです。しかし、この技法はシャチにだけは使われることはありませんでした。

こうした銛を使った捕鯨は噴火湾や千島では積極的に行われていましたが、それ以外の地域では漂着したり、座礁したクジラを利用するのが一般的でした。シャチが海獣を獲物として狩りをすることはすでに述べてきましたが、そうしたシャチの狩りによって追い込まれて座礁し、浜に打ち上げられたクジラやイルカは「寄りクジラ」といわれ、シャチからの贈り物として人々の貴重な食料となりました。

このようにクジラやそのほかの獲物を運んできてくれるシャチをアイヌの人々は「レプンカムイ」（沖の神）とよんで崇拝してきました。ほかにもシャチは「カムイフンベ」「イソヤンケクル」「イコイキカムイ」「アトゥイコロカムイ」「トミンカルクル」など、ざっと数えても一〇を超える数のさまざまなよび名でよばれていましたが、その多くに「神」にまつわる意味があります。また、地域によっては「狩り」に結び付けたよび名もあります。

このほか、シャチは武器の紋様として刻み込まれたり、ユーカリに歌い込まれたりしており、シャチがアイヌの人々の生活に深く浸透していたことがうかがわれます。彼らにとってクマは山の神であるのに対して、シャチは海の神としてクマにも負けない力があると信じられてきたのです（サハリンではアザラシを「海を支配する神」として崇めていたといわれています）。

ウィルタ

ウィルタ（かつては「オロッコ」または「オロチョン」とよばれた）もシャチと係りの深い民族です。ウィルタの人々は樺太（現、サハリン）北部から中部、そしてテルペニア湾など、樺太東岸で暮らしてきました。トナカイ飼育民でありながらサケなどの漁撈、狩猟、植物採集などで生活をしていました。海獣狩猟ではアザラシ猟が伝統的なもので、主に春の流氷域で行われていました。

この民族では、シャチは豊猟をもたらす「海の主」の象徴と考えており、シャチを見かけたら削りかけに包んだタバコなどをその場で海に投げ入れて捧げものにするといったことなどもしていたようです。

ニブフ

ニブフ（かつては「ギリヤーク」とよばれた）も北方に暮らす民族の一つで、樺太（現、サハリン）北部から大陸のアムール川流域を居住域としてきました。生活場所が海に近いこともあり、もっとも重要なのはカラフトマスやシロサケなどの漁撈です。しかし、海獣狩猟も盛んに行われていました。

海獣猟の主役はアザラシで、次がトドです。アザラシ猟は主に春の流氷期がその猟期でした。アザラシは肉としてのほかに、その脂肪から取った油は干し魚の味付けに使われていました。

また、このほかにニブフの人々はシロイルカの猟も行ってきましたが、その肉や脂肪はもっとも価値のあるものとされてきました。

しかし、シャチについては特別で、「シャチは人間である」と強く考えられていました。彼らはシャチに願いごとをするとクジラやアザラシを贈ってくれると信じていたようです。

北西海岸インディアン

北アメリカ大陸の北西海岸インディアンも海獣狩猟をしてきた民族です。

北西海岸インディアンとはアラスカ南部からカナダ西岸、アメリカのワシントン州にかけて暮らすインディアン諸族の総称です。彼らはアザラシ類、オットセイ類、トド、ラッコ、イルカ類などのほか、コククジラ、ザトウクジラも捕えて暮らしてきました。彼らにとって鯨類は食料や燃料となる獲物であったわけですが、シャチはそうしたクジラを岸近くまで追い込んでくれる、尊敬すべき有能な「ハンター」として、特別な存在と考えられています。

シャチは北西海岸のインディアンの生活に深く浸透し、シャチをモチーフにしたさまざまな造形物があります。ヌートカ、クワキュートル、トリンキットなどの民族では、シャチのモチーフがトーテムポール、仮面や帽子、ブランケットの模様、サケをたたく棒といった造形物として表わされたり、家の正面全体をシャチの顔に仕立てている家屋もあるなど、シャチが生活に深く浸透していることがうかがえます。また、なかにはシャチをワシやオオカミと同様、一族の紋章として讃えている氏族もあります。さらにシャチの背鰭には女性の霊が宿っているとも信じられていました。

なお、トリンギットの伝説ではシャチがはじめて海で泳いだ顛末が語り伝えられています。

北方民族とよばれる民族はほかにもありますが、極域に生活しているそのような民族では、海獣狩猟として共通して鯨類、アザラシ類、トド、ラッコ、オットセイ類などを捕えてきました。しかし、どの民族もシャチだけは決してその対象になっていません。シャチが「神」としての存在であることは多くの民族で共通しているようです。

その他の民族とシャチ

シャチを崇拝しているのは北方の民族だけではありません。南アメリカの古代文明でもシャチの存在は大きかったようです。

地上絵で知られるナスカ文化はペルーの南岸に栄えていたアンデス文明のうちの一時期にあたる文化で、紀元前後から紀元八〇〇年くらいまでに栄えたとされています。この文化でも、シャチは神話的な世界で海を支配する領主と考えられていました。

出土品には数々のシャチのモチーフが登場し、祭礼に用いられていたことがうかがえるほか、種々の彩色土器にシャチが描かれていたり、シャチがナイフを手にした擬人的な造形物もあります。また、有名なナスカの地上絵にはクジラを表わしたものと思われるものが二頭いますが、そのうちの一つがシャチを表していると考えられています。

このようにシャチは、海と深く係り、海に生活の糧を得てきた民族からは特別な存在と考えられてきたことがわかります。

日本近海のシャチ

日本は四方を海に囲まれた島国ですから、ちょっと海に出ると、あるいは陸地から海に目を向けるだけでもさまざまなクジラやイルカを見ることができます。もちろん、シャチもその例外ではありません。

シャチは日本の近海にもよく姿を現します。とくに春から夏にかけては根室海峡から知床沖などの北海道東岸やオホーツク海南部で、また冬季は和歌山県紀伊半島沖でよく目撃されていますが、それ以外の海域でも、大海原の真っただなかのこともあれば、沿岸近くや湾のようなところでシャチを目にすることもあります。

日本の周辺海域ではこれまで調査船によるさまざまな鯨類の目視調査が行われてきましたが、そこではシャチの目撃・出現情報が数多く報告されてきました。それらについて概略的な傾向を見ると、やはり高緯度海域で目撃頻度が高いのに対し、低緯度海域におけるシャチの出現は散発的であることがわかります。

北西太平洋の日本近海で行われた二〇〇七年の調査では北緯四〇度以北は以南に比べて七倍もの密度指数になっており、さらに範囲を広げて北太平洋全域で見ても低緯度の海域ではシャチの生息密度は低いことが明らかになっています。

一方、低緯度海域の知見として、一九九一～二〇〇七年にかけて行われた小笠原近海の洋上調査でシャチが目視された記録では、春季（三～五月）二件（計一〇個体）、夏季（六～八月）四件（計一七個体）、秋季（九～一一月）二件（計五個体）そして冬季（一二～二月）一件（個体数不明）となっています。

これは近年の北海道沖の調査と比較すると、調査時期の隔たりはありますが、発見個体数に大きな差があることがわかります（113頁参照）。

ストランディングレコード

ところで、こうした調査船による目視調査のほかにイルカやクジラの生息を知る手段はないのでしょうか。

イルカやクジラがなんらかの原因で死んで浜に打ち上げられたり、定置網に紛れ込んだり、漁網にからまったりすることがあります。また、まれに湾や河川に迷い込むこともあり、大きな話題になります。これらはすべて広義で「座礁」といわれ、その付近の海にイルカやクジラなどが生息していることを示す手がかりの一つと考えることができます。そうした座礁や迷入を表す資料の一つに「ストランディングレコード」があります。これはいつ、どこで、どのような種が、どのように座礁したり目撃されたりしたかを記録したものです。シャチについてもストランディングレコードを紐解いて見ると分布の一端を垣間見ることができます。

一九二〇〜二〇一八年までに報告されたストランディングレコードによると、北は北海道から南は沖縄まで、全国でシャチの座礁や目撃があります。ただ、日本近海にいる沿岸性のほかのマイルカ科の種に比べると、座礁する数は多くはないようです。

日本近海でシャチの座礁がもっとも多い海域は北海道です。道南の噴火湾付近から襟裳岬周辺でも報告がありますが、とくに集中しているのは根室半島〜オホーツク海沿岸に沿っての道東海域（図4・1）です。厚岸、釧路、根室、標津、羅臼、斜里、枝幸などの海域で座礁や目撃が見られ、さらに稚内、樺太沖そして日本海側の利尻島、礼文島にまでおよんでいます。

二〇〇五年二月には知床半島の羅臼付近で一二頭のシャチが流氷に閉じ込められ身動きができなくなり、九頭が死亡して大きな話題となりました。しかし、過去の情報をたどると、枝幸で一九五八年に二〇頭、一九七七年には八頭が、いずれもやはり流氷に閉じ込められ命を落としています。シャチが強い社会的な絆で群れをつくっていることはすでに紹介したとおりですが、これらの集団の座礁はいずれもそうした社会性ゆえに起きた悲しい出来事といえるかもしれません。

座礁が起きるのは北海道ばかりではなく、日本各地から報告があります。

本州から見ていくと、青森県岩崎村（これは日本海側です）、岩手県種市氏や普代村、千葉県の犬吠埼や御宿町、千葉県市原港、神奈川県真鶴などで記録があり、さらに静岡県富士川河口の湾内（このほかにも駿河湾内での目撃例があります）、愛知県の豊橋市などで座礁や目撃があります。二〇〇〇年二月には名古屋港の堀川にシャチが迷い込み、大都会に現れたシャチとして大きな話題になりました（このときは救出のために多くの船が出て、金属パイプなどで船べりを叩いて音を出してシャチを海のほうへ追い立て、無事、海へ返してあげることができました）。

このように本州の太平洋岸に沿って点々とシャチの目撃や座礁の記録があります。そしてさらに、兵庫県、香川県、広島県と瀬戸内海でも発見があります。瀬戸内海はスナメリ（図4・2）が多く生息し

図4・1　北海道道東海域

図4・2　スナメリ（市立しものせき水族館「海響館」にて撮影）

ていますが、一九五七年に兵庫県で捕えられたシャチの胃のなかからはスナメリが四〜五頭も見つかっています。

それから福岡県、長崎県（五島列島）と続き、鹿児島県でも座礁の記録が残っています。

こうした記録を見ると、シャチが日本の北海道〜太平洋沿岸を縦断して生息していることがわかりますが、さらにその先、沖縄県の座間味諸島や久米島、粟国島、黒島といった南の島々でもシャチは目撃されています。なお、本州を遠く離れた小笠原諸島近海の目撃例は前述のとおりです。

これに対し、日本海側を見ると、北海道の礼文島、青森県岩崎村、福岡県といった、もともと発見の多いオホーツク海や東シナ海との接点に当たるところで二、三件の記録があるのみで、そのほかの日本海沿岸ではほとんど座礁・目撃はありません。

東京湾のシャチ

東京湾にはたびたびいろいろな鯨類が迷いこんできます。たとえばコククジラ、ザトウクジラ、シワハイルカなどのほか、スナメリが隅田川を北上してテレビで取り上げられたこともありました。

このように東京湾は鯨類がときどき見られるところですが、シャチもその例外ではありません。これまで千葉県の市原、富津、東京の羽田沖などで目撃例があります。

一九七〇年には東京湾に一一個体のシャチが迷い込み、そのうち五個体が市原港（千葉県）に追い込まれて捕獲されています。

最近では、二〇一五年五月に東京湾内を数個体のシャチが泳いでいるところが数日にわたって目撃されました。メディアがこぞってその姿を追いかけようとしましたが、しばらくすると目撃情報も途絶え、どこにも死体が上がらなかったことから、そのまま泳いで湾の外へと出ていったと考えられています（東京湾に迷入した鯨類ではこういうケースが多い）。ただし、東京湾でのシャチの目撃は決して多くはなく、しかもこのようにすぐに消息がわからなくなることから、定住的なものではなく、東京湾の外洋を泳いでいたのが、何かのきっかけでたまたま湾内に迷い込んできたもの考えられます。

捕鯨としてのシャチ

現在、日本では学術目的以外、シャチの捕獲は禁止されていますが、かつては水産業（捕鯨業）の一つとしてシャチが捕獲されていました。

戦前・戦後直後の時代のデータでは全国的に一九四一年一五頭、一九四八年四八頭などの水揚げがあり、地域別では、北海道（一九四八年二三頭、一九五一年一五頭）、三陸地方（一九四一年三頭）、和歌山（一九四八年二二頭）などで漁獲されていました。その後、一九四八〜七二年の二四年間では全国で一四八三頭（一五一六頭という数値もある）と、まさにシャチの大量捕獲時代ともいえる時期が続きました。とりわけ一九四八〜五七年では、オホーツク海二二四頭、釧路沖一七四頭、三陸沖一一〇頭、そして千葉、太地、豊後水道合わせて四六頭という数になっています。

しかし、一九七三年以降は数が激減し、一九七三〜八七年は年間で〇〜三頭という低い水準になりました（なお、一九七二年に国連人間環境会議において商業捕鯨を一時停止する商業捕鯨モラトリアムが国際捕鯨員会に提案されています）。

ただ、こうしてざっと眺めると、捕獲は行われていたものの、ほかの鯨種に比較するとシャチは日本では漁業資源としては強い需要はなかったように思えます。

一九九〇年以降は、学術目的以外、シャチの漁獲は停止されています。

なお、シャチの出現水温については前出の通り（31頁参照）ですが、水温二〇℃を境として、これより低い海域ではシャチの動作がやや緩慢になるため、捕獲しやすいとされています。

北海道のシャチ

前述したように、北海道はシャチがよく出現する海域です。

春先から六月くらいにかけて北海道東部のオホーック海の知床半島沿岸域、とくに羅臼沖から釧路沿岸そして北方四島付近にかけては多くのシャチが目撃され、もっともシャチとの遭遇率が高い海域となっています。近年は観光船などからも容易に観察ができることが多いようです（図4・3）。

一般に、春は海をおおっていた流氷が解け、プランクトンの大増殖が起きる時期ですが、この海域にはそうしたプランクトンを餌とするサカナが集まり、そしてそれをめがけてさまざまなイルカや大型のクジラ、その他の海獣類が集まってきます。シャチもそうしたサカナや海獣を狙ってやってきますが、これまで紹介してきたアイヌの人々をはじめとする北方民族の海獣狩猟文化から察するに、そうしたシャチの来遊は古くからくり広げられていたのでしょう。しかし、どんな生態（エコタイプ）のシャチが集まってくるのかはまだよくわかっていません。

なお、道南の噴火湾にもシャチが出現することがありますが、滞在期間が短く、その生態はまだ未解明のままです。

実際、北海道近海にはどのくらいシャチが来遊してくるのか。

図4・3　羅臼沖のシャチ（写真提供 中山誠一氏）

北海道東方沖から北方領土付近にかけてはこれまでシャチの目撃が多かったことから、いくつか調査も行われてきました。一つの例として、一九九四〜二〇〇七年の五〜九月に、北緯三五度以北で日本の沖合東経一七〇度までにかけて行われた調査の結果を見ると、北三八度以北での発見（図4・4）が全体の九〇パーセントを占めていました。これらの平均の群れサイズは六・二個体で、一〇個体以下の群れが全体の九〇パーセント、逆に二〇個体以上の群れは全体の三パーセント程度にすぎませんでした。

また、一九九九〜二〇〇五年の六〜九月には北方四島海域においても目視調査が行われています（図4・5）。それによると六年間の目視個体数は二一群一四九個体。目撃場所別の一〇〇海里当たりの平均目撃個体数は、択捉島太平洋側四・一八個体、択捉島オホーツク海側九・四三個体、色丹島周辺〇・五九個体、歯舞群島周辺〇・三二個体、国後島太平洋側一・六三個

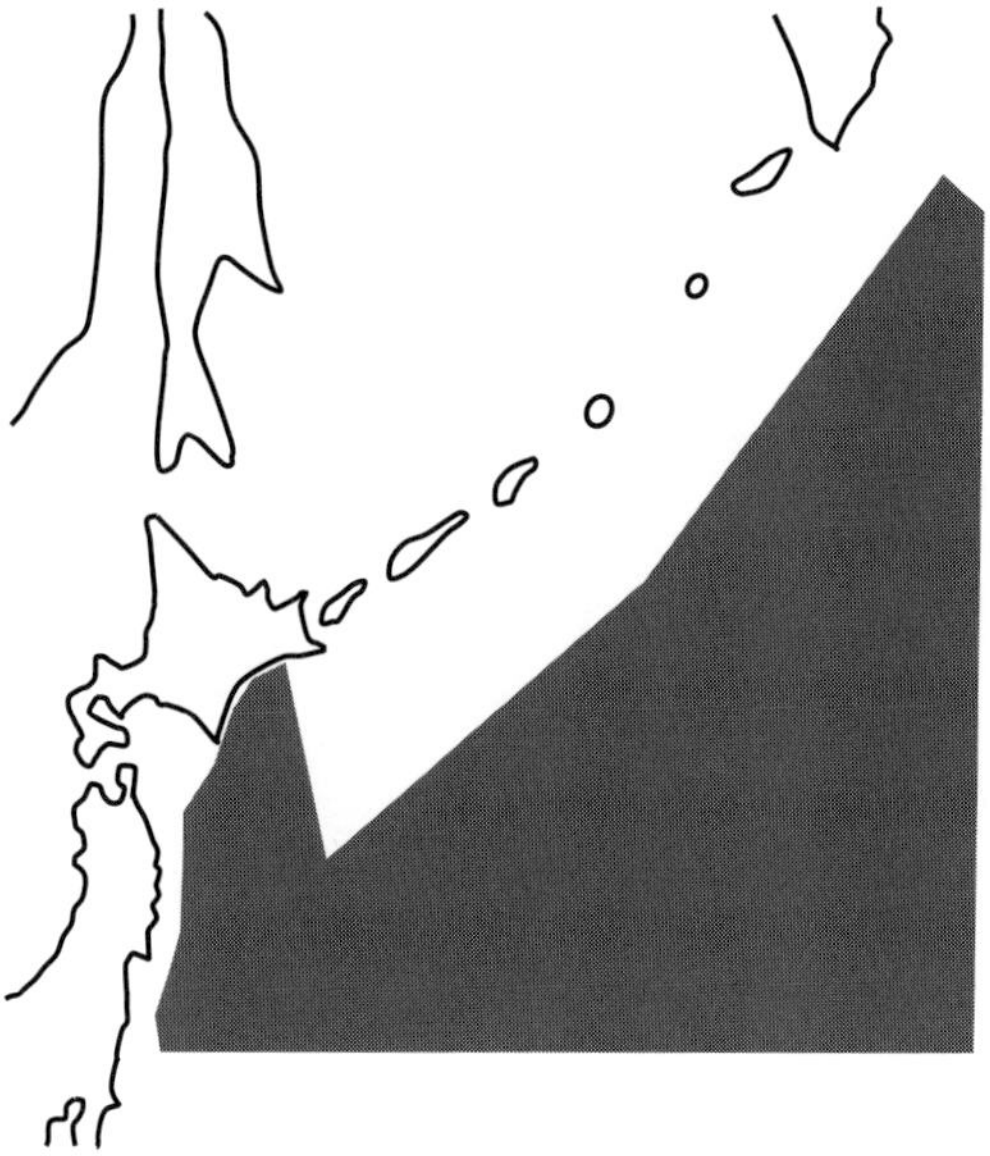

図4・4　北西太平洋海域のシャチ発見海域（松岡，2009をもとに作成）

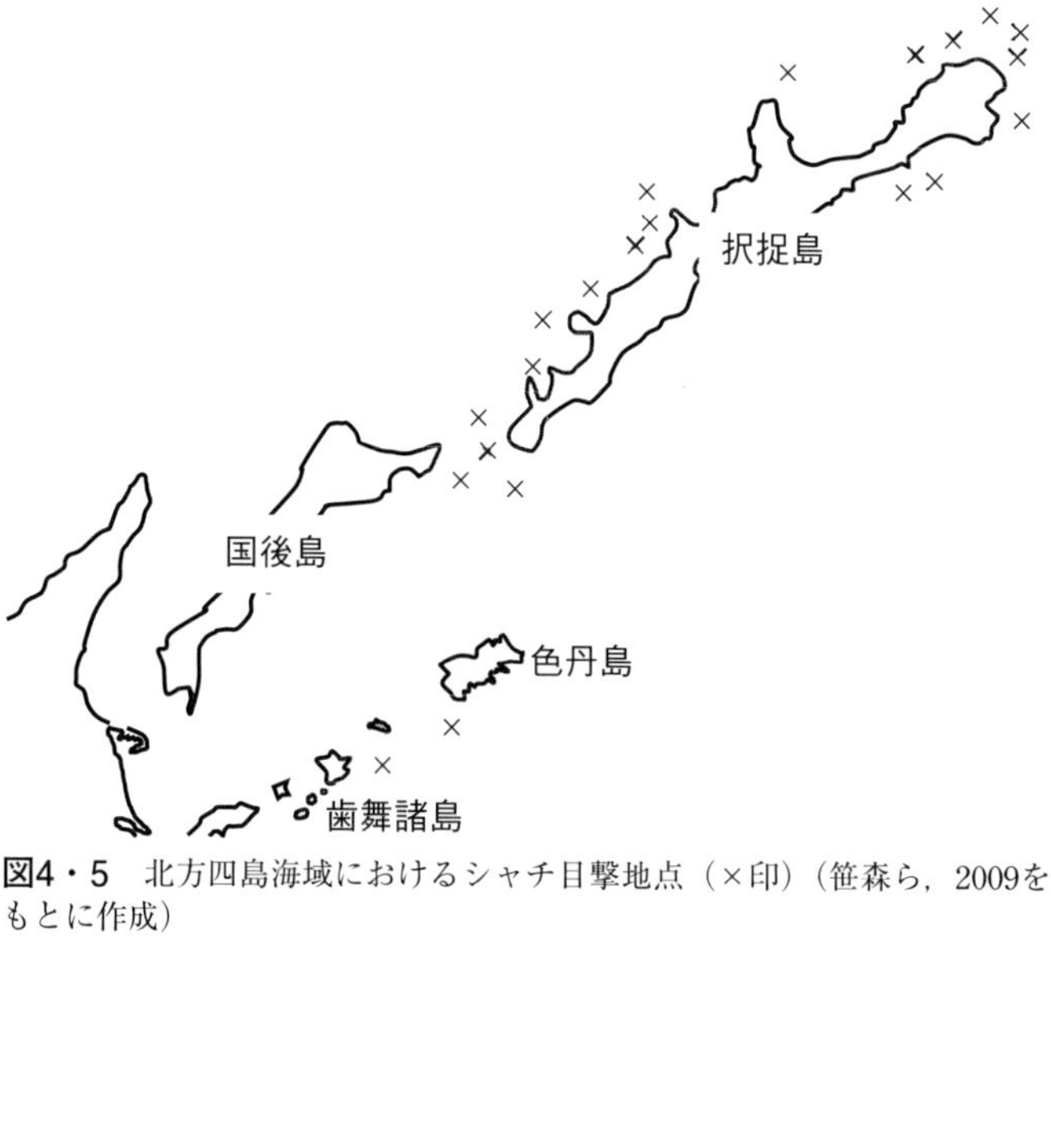

図4・5　北方四島海域におけるシャチ目撃地点（×印）（笹森ら，2009をもとに作成）

体、国後島オホーツク海側〇・四一八個体と、海域により顕著なちがいがあったことが報告されています。

さて、二〇〇五年に北海道の羅臼で一二頭のシャチが座礁した出来事により北海道のこの海域のシャチが大きく注目されることになりました。そしてそれをきっかけにこの海域のシャチの生態把握の機運が高まり、近年、この海域においていろいろな調査がはじまっています。たとえば、そのなかの一つに、二〇一〇年から行われている、北海道大学、東海大学、常盤大学など、いくつかの大学による共同調査では羅臼沿岸や根室海域に来遊するシャチについて、四一七頭が個体識別されています（二〇一九年四月現在）。知床半島周辺の限られた狭い範囲の海域に世界のほかの海域にはないほどの高い密度でシャチが来遊していることが注目を集めています。

その調査ではシャチの行動、食性、鳴音などを中心に、個体の移動・消長などが調べられていますが、それぞれの海域に出現する個体の変動や両海域を行き来する個体を解析したところ、この海域に来遊するシャチは八つのグループに分かれており、なかにはくり返しここの海域にやってくる個体がいることもわかりました。

また、発信機を取り付けた調査では七〇〇メートル以上まで潜水している個体が記録され、シャチがこれまで知られていたよりはるかに深くまで潜水していることが示されるなど、その生態が少しずつ明らかになっています。

さらに、近年、ドローンによる野生動物の撮影が普及してきたことにより、本海域においてもそうした行動の撮影が可能となり、シャチのさまざまな社会行動も明らかになってきています。

しかし、そうした行動の意味が何であるのかはまだわかっていません。あるいはこの時期がすぎるとシャチたちはこの海域から姿を消してしまい消息がわからなくなることから、生息海域がどのように変動するのか、この海域以外ではどんな群れで何をしているのかといった詳細の解明もこれからです。

近年、前述の大学の共同調査ではシャチに衛星発信機を装着することに成功し、人工衛星での追跡も試みられ、知床半島周辺と択捉島や得撫島などの北方四島方面を行き来していることが示唆されています。

まだまだ研究がはじまったばかりで未解明な点が多く、今後の研究の進展が期待されています。

エコタイプは

北海道に来遊するシャチのエコタイプについては、まだ明確なことはわかっていません。エコタイプを決める指標の一つは食性ですが、これまでは北海道に来遊するシャチは哺乳類も魚類も食するオフショアタイプであるとか、ミトコンドリアDNAの解析からトランジェントタイプであるとか、さまざまな可能性が示唆されてきましたが、いずれも断定されるには至っていません。

しかし、二〇〇五年に北海道で座礁したシャチの胃内容物の調査によると、座礁した五個体で、個体差はあったものの、胃のなかにあったのは主にゴマフアザラシとクラカケアザラシの残渣、アカイカ、タコイカを主とする九種のイカ類でした。しかし、魚類やこの海域に多く生息しているイシイルカやミンククジラなどは発見されませんでした。すなわち、この座礁した群れはアザラシ類とイカ類を選択的に食べていたことが明らかとなり、これはこれまでのエコタイプにはないものです。これが「イカ・アザラシ嗜好タイプ」として新たなエコタイプになるのか、今後のさらなる調査が必要です。

5章

シャチの知能

これまでシャチのさまざまな特性について見てきましたが、まずそこでは水中生活に適応した種々のからだの仕組みを知ることができました。また、野生で観察される彼らの行動については、とくに群れでのほかの個体との協力した行動や、結果を予測し学習した行動など、実に知的とも思える行動をいくつも見ることができました。そうしたシャチの雄々しさや知的さが、海と接して暮らしてきた多くの人々を崇めさせる礎になっているのかもしれません。

果たしてシャチはどのくらい賢いのでしょうか。ここからはこれまでに科学的に調べられたシャチの感覚能力や知的特性の一部をのぞいてみることにします。

イルカの脳、シャチの脳

動物の〝賢さ〟を定義することは非常に難しいものですが、賢さを論じるとき、まず注目されるのは知能の発信源である脳です。「情報処理」が賢さの一つの側面であるとすると、脳ではさまざまに情報が分析・解析され、そこから種々の機能が発信されているので、脳は情報処理システムそのものであるということができます。そこでまず、脳の定量的な特性を見てみましょう。

シャチもハクジラ類の一種であることから、まず、ハクジラ類における脳の特徴を見ていくと、イルカの脳は横に広がった形をしています。多くの哺乳類の脳は縦に長い形をしているのに対して、イルカの脳はそれとは異なっています。イルカは胎児の段階ではほかの哺乳類と似て前後に長い形をしていますが、成長に伴って吻が長く伸長していくのにつれて、頭骨腔の容積が縮められ、その結果、脳が横に押し出されるような形になっていきます。

イルカの脳の特徴の二番目は表面には非常に多くのしわ（脳溝）があることです。ヒトの脳にも表面にしわがたくさんありますが、それにも匹敵するほどの様相を呈しています。

脳にしわが多いとなにが良いのでしょうか。

脳にしわが多いということはそれだけ表面積が増加することになります。脳（大脳皮質）の表面には多くの神経細胞が分布しているので、表面積が増えると、それだけ神経細胞の数が増えることになります。そうした考えに基づいて推定された神経細胞の数はバンドウイルカでは約一〇〇～二〇〇億個とされています。ヒトの脳では一般に約一四〇億個といわれているので、バンドウイルカの神経細胞の数はヒトの脳にも匹敵、あるいはそれをしのぐ数になっているといえます。

ハクジラ類の脳の特徴の三番目は、大きくて重いことです。表5・1にはいろいろなハクジラ類の脳重が示されていますが、ヒトの脳は約一四〇〇グラムほどですが、ハクジラ類はみなそれよりも重い脳になっています。シャチを見てみると、脳は五六〇〇グラムもあり、格段に重い脳をしていることがわかります。

表5・1　脳の重さ

	脳重〔g〕
インドゾウ	6000
ヒト	1400
ゴリラ	500
マッコウクジラ	9200
シャチ	5620
コビレゴンドウ	2670
シロイルカ	2083
バンドウイルカ	1600
スジイルカ	1200
マイルカ	840
カマイルカ	815

村山司（2008）より改変

表5・2　動物の脳重比

動物名	脳重比
ハツカネズミ	1/13
シロネズミ	1/28
ヒト	1/43
イルカ	1/125
アカゲザル	1/171
イヌ	1/257
ウマ	1/400
インドゾウ	1/833
マッコウクジラ	1/5435

神谷、1990および小野瀬、2000より

ところで、知能がどのように定義されたとしても、それを発信する器官は脳であることから、大きな脳を持つほど知的特性が高いと考えることは不合理ではありません。しかしその一方で、脳はからだのさまざまな機能を使っている場所であるため、からだが大きくなればそうした機能を調整する必要も増すことから、それだけ脳も大きくなることが推察できます。つまり、単純に脳の重さだけで知能の優劣を語ることはできないわけです。

そこで次の指標として考えられるのは脳の体重に占める割合です。これには二通りの求め方があります。一つは単純に脳重比を求めるもので、

脳重／体重

で計算されます。これを求めたものが表5・2です。これを見ると一応の序列にはなっているようには見えます。しかし、ヒトよりも高い値が出てしまう動物があります。そのためこの値では適正な評価ができないという考え方があります。

脳の体重に占める割合に関するもう一つの求め方は、

$EQ＝脳の重量／体重^{2/3}$

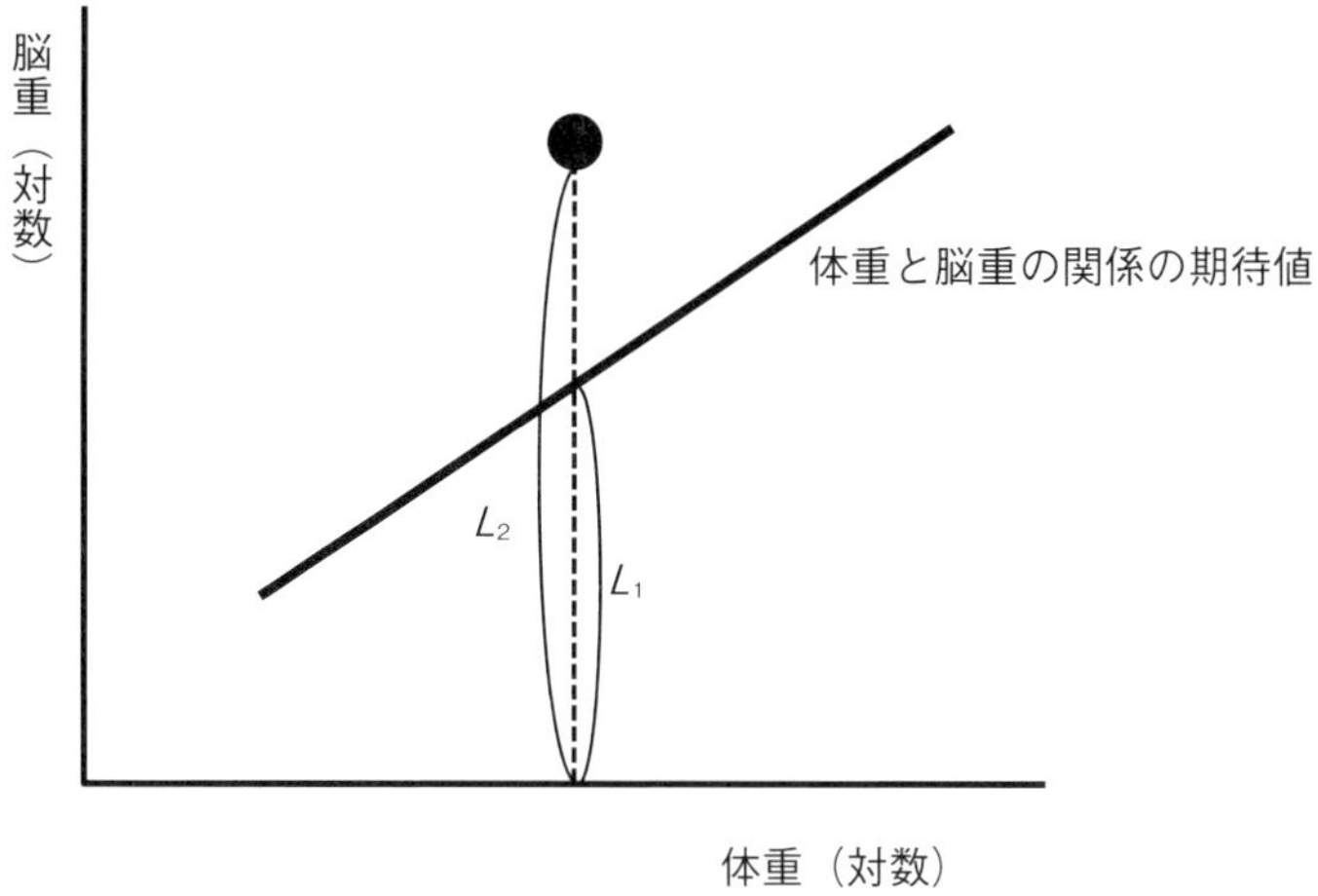

図5・1　脳化指数（模式図）。●はある動物の体重と脳重の関係の値を表す。このとき、L_2/L_1 の値が脳重の相対的な大小を表す

で、脳化係数というものです。これは、基本的には動物の身体を維持するために必要な脳の量は体表面の面積によって決まるという仮定に基づいたものです。動物の体積は体長の3乗で求められ、体表面は体長の2乗に比例するという関係があるため、それを基にして計算されたものです。しかし、この値については鯨類では調べられている種が少なく、シャチも明らかになっていません。

そこで別の観点から多くの動物との比較をより明らかにする方法があります。

哺乳類の脳重は体重とともに増加しますが、体重と脳重の割合には一定の関係があることがわかっています。そこで、そうした動物（高等脊椎動物）一般における脳重の期待値に対してそれぞれの動物の脳がどのくらい重いかを求めます。すなわち期待値に対する脳重の比率で、これを脳化指数といいます（図5・1）。

この値を計算してみると、ヒトが七・四以上ともっ

表5・3　イルカ類の脳重の相対的な比較。値が大きいほど平均的な脳重よりも突出していることを表す

動物名	
マイルカ	4.26
カマイルカ	4.26
バンドウイルカ	4.14
シャチ	2.57
シロイルカ	2.39
マッコウクジラ	0.58
ナガスクジラ	0.49
ザトウクジラ	0.44
シロナガスクジラ	0.21

Marino、2002より

とも高くなっていますが、イルカ類ではカマイルカ四・五五、バンドウイルカ四・一四などとなっています。しかし、シャチは二・五七と、意外と高くありません（表5・3）。

　バンドウイルカやカマイルカも複雑な社会行動を見せますが、今のところシャチほどの多彩さは観察されていません。確かにイルカ類の脳は一般的な哺乳類の脳よりは卓越した重量があるとはいえますが、種々の行動や生態を観察した結果を比較してみると、その値の高さがそのまま「賢さ」を表わしているとはいいきれないことがわかります。すなわち、この脳化指数が種間の差を忠実に反映しているとは断言できず、ここでも脳の重さでその動物の知能の優劣を語ることには限界があることが考えられます。

視力検査

　海のなかは光も乏しく、有光層（太陽光が透過する範囲・深さ）は、透明度によって異なりますが、だいたい一〇〇〜二〇〇メートル程度です。海は平均水深が三八〇〇メートルなので、光がとどくのはほ

んの表面だけということになります。すなわち海のなかはほとんどが暗黒の世界なのです。

かつては、そうした海で暮らす鯨類は視覚がほとんど機能していないといわれていました。しかしその後、さまざまな観察や実験的検証が行われ、これまでの想像や推察をくつがえす結果が多く得られ、イルカにも優れた視覚能力があることが明らかになってきました。果たしてそのような暗い海のなかでイルカはどのように眼（視覚）を使っているのでしょう。

シャチが「スパイホップ」（図2・15）とよばれる行動をすることはすでに紹介しましたが、これは船舶が接近したときや岸近くでよく見られることから、眼で周囲の状況を探ったり、泳ぐ方向を決めたりしているのではないかと推察されます。また、氷が近い海域では氷上のアザラシやペンギンを探しているとも考えられます。シャチが視覚を使っていることを示す一つの例といえるでしょう。

脊椎動物の眼を調べてみると、いずれもほぼ共通の構造をしています。鯨類についても同様ですが、眼のなかの網膜は夜行性の動物の特徴に似ていることがわかっています。また、光を反射し、弱い光を増幅して利用する機能であるタペータムを備えるなど、これは暗い海のなかに適応した眼を持っていると考えられます。では、そうした眼を持つ彼らの視力はどのくらいなのでしょう。

動物の視力は網膜中の細胞（神経節細胞または視細胞）の密度から計算するか、実際に視力検査のような行動実験によって調べることができます。網膜の細胞密度から調べるやり方は、眼さえあれば求めることができるので、いくつかの種で求められています。これに対して行動実験によって視力を調べるには学習させる訓練が必要なため、実施できるのは飼育可能な限られた種で、これまで数種しかありま

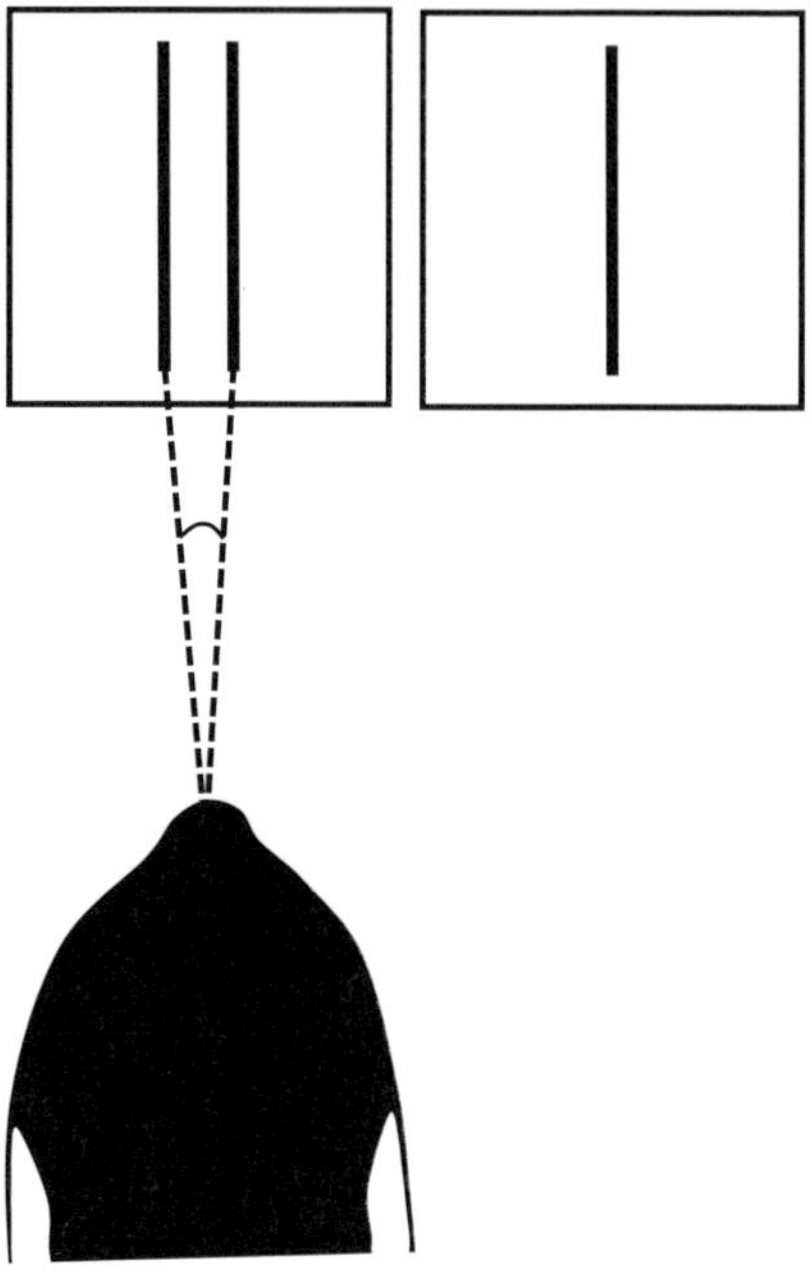

図5・2　視力の求め方。１本と２本の区別がつかなくなったときの２本線を見込む角度から視力を算出する

せん。シャチもその一つです。

　シャチの視力を測定する実験はバンクーバー水族館のトレーナーらによって行われました。それは水中に四角い窓が二つ開いた板を垂下し、その窓に呈示された直線を識別するというものでした。その窓にはそれぞれ一本と二本の直線が描かれたターゲットが呈示され、シャチは一定距離はなれた位置でそれを見て、二本線を選ぶように訓練されました。実際には二本線が描かれたターゲットの上部にあるバーにタッチすれば、ライトがついて餌が与えられて強化されるというものでした。

　こうして二本線を選ぶことを学習したシャチに対して、徐々に二本線の間隔を狭めていき、どこまで狭くしたら一本線と二本線の区別がつかなくなるかを求めました。そして、その区別が曖昧になったときの、シャチから見た二本線を見込む角度から識別できる最小の角度を計算して、分解能としました（図5・2）。そうして求められたシャチの視力は五・五分（一分は六〇分の一度。よって五・五分は〇・〇九度に相当）でした。ちなみに、この値の逆数を取ったものが、私たちが健康診断などで用いる視力なので、シャチの視力は五・五分の一、すなわち、〇・一八ということになります。なお、同じような方法でカマイルカでも視力が測定されていますが、カマイルカの視力は〇・〇九です。

なお、シャチでは網膜の細胞密度から視力を求めるやり方は行われていませんが、ほかの動物の知見から、網膜の細胞の分布密度から求められた視力と行動実験によって調べた視力とにはあまり差がないことがわかっています。

こうして求められたシャチの視力をほかの種と比べてみると、シャチに限らず、ほかの鯨種はみな同じような視力をしていることがわかります（表5・4）。さらにヒゲクジラ類ともあまり変わりません。シャチもほかの鯨類も眼の良さ（悪さ）にはあまりちがいがないといえるでしょう。しかし、この視力の値から考えるとシャチも決して眼が良いとは言い切れず、海のなかでは視力、すなわちものを「詳細に」見ることはあまり重要ではなく、対象物の視認は動き（動体視力）や一瞬のきらめき、コントラストなどの要素に依存しているのかもしれません。

表5・4　主な鯨類の視力

	視力
ネズミイルカ	0.07-0.09
イシイルカ	0.09
バンドウイルカ	0.08-0.11
カマイルカ	0.09
マイルカ	0.13-0.11
シロイルカ	0.08
シャチ	0.18
オキゴンドウ	0.09-0.10
アマゾンカワイルカ	0.02-0.03
コビトイルカ	0.04-0.01
コククジラ	0.09-0.10
ミンククジラ	0.14

音感能力

プールや海水浴などで水のなかに潜るとさまざまな音が聞こえてくるのがわかります。水中は音がよく通る世界です。水中では音は空気中の約五倍の速さで伝わり、理論的には空気中の約一万倍の距離までとどくといわれています。そのような世界に暮らす多くの水棲動物は巧みに音を利用し生命を営んできました。

もちろん鯨類もその例外ではなく、音に依存し、巧みに音を利用してきた動物で、まさに「音感の動物」ということができます。

すでに紹介したシャチの発するクリックス、ホイッスル、コール（78頁参照）といったものも、光（視覚）の達しない暗黒の環境下で対象物を瞬時に認識したり、ほかの個体と情報交換の手段として利用されているものです。ここではそのシャチを含めたイルカの音の機能や利用の仕方に関し、その特性を見ていくことにします。

動物が聞こえる音の高さを可聴域といいます。可聴域は動物によってさまざまに異なっており、それはそれぞれの生態に応じた事情を反映したものとなっています。

シャチとほかの動物とのあいだにも同じような関係を見ることができます。たとえば、すでに紹介したシャチとネズミイルカの可聴域のちがい（83頁）も、天敵の回避という生態上の適応から、両者で聞こえる音の高さをちがえた例です。

図5・3　可聴域測定実験（Hall and Johnson, 1971をもとにした模式図）

ハクジラ類においてこうした可聴域がいくつかの種で明らかになっています。

動物の可聴域を調べる方法は二通りあります。行動実験によって調べる方法と電気生理的に求める方法です。

シャチではこの両方の方法で可聴域が求められています。

まず、行動実験によるシャチの可聴域の測定は、最初にアメリカ・サンディエゴのシーワールドで行われました。水槽内に大きめの囲いのようなものを設置し、シャチを、頭部を一部その囲いに入れたところで静止させます（図5・3）。そしてテスト開始の合図である、前方に置かれたライトが点灯し、それが消えた後で音を流してシャチに聞かせます。もし音が聞こえたらその囲いから抜け出し、水槽を横切って別の場所に設置されたレバーにタッチするようにします。また、もし音が聞こえなかった場合にはそのままその場に静止し、次の刺激が呈示されるのを待つように訓練しました。こうしてさまざまな高さ（周波数）の音を聞かせて、その反応行動によって聞こえる高さの音の閾値を求めていきました。なお、シャチに限らず、ほかの動物でも可聴域は同じような方法で測定されています。さて、このような行動実験によって、この一九七二年に報告されたシャチの可聴域の上限は約三〇キロヘルツという値でした。

その後、しばらく時間が空いた一九九一～九三年にアメリカのマリンワールドというところで、二個体のシャチについて、同様な行動実験の方法で可聴域が調べられました。

一方、可聴域を調べるもう一つの方法は電気生理学的な方法で、誘発電位を測定することです。誘発電位とは脳波（脳電位）の一つで、さまざまな刺激を受容器（眼や耳など）が感知することによって惹起される神経が引き起こす電気信号のことです。つまり、音が聞こえたと聴覚器官や脳が認識したときに電位変化が起こるので、それを測定したものが誘発電位です。したがって、誘発電位が確認できれば音が聞こえたことになるわけです。これは脳の自発的な電位変化を調べるものなので、測定には複雑な条件づけなどの訓練は必要ありません。ただ、なんども音を聞かせて生じる小さな電位の変化を加算していくため、被験体を一定時間、じっと静止させておく必要があります。

この方法で、一九九五～九六年にアメリカのマリンワールドで、行動実験で測定が行われたのと同じ二個体で可聴域が測定されました。

具体的には、まず電極の一つを頭部に設置し、もう一つの電極（不関電極）を体側や尾鰭などに設置します（図5・4）。そしてさまざまな音を聞かせました。もし音が聞こえれば無意識に脳の神経細胞が発火して電位変化が起きるので、それを頭部に設置した電極で検知して、音に対する反応の有無を検出します。

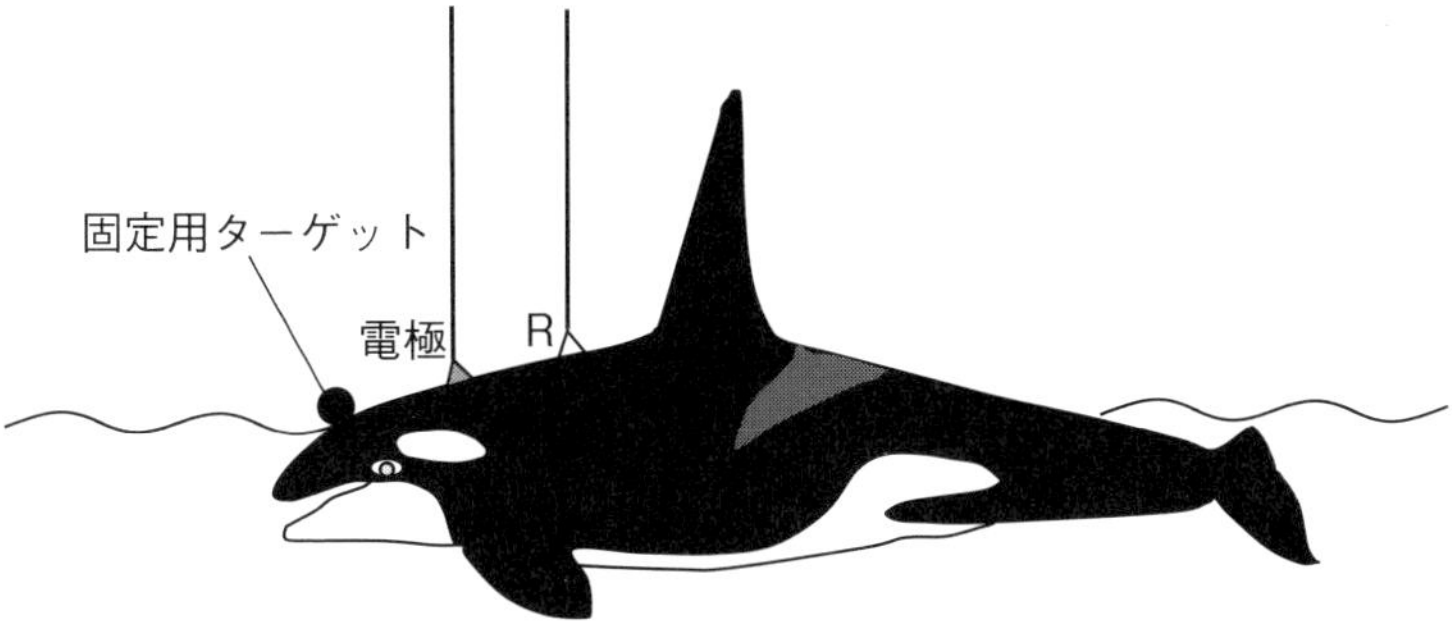

図5・4　誘発電位測定。R：不関電極。シャチは固定用ターゲットにタッチして静止している（Szymanski et al., 1999をもとにした模式図）

実際には、種々の周波数においてさまざまな音圧で音を聞かせ、その周波数における誘発電位が生じる（聞こえる）音圧の最小値を求めていきます（これをグラフにしたものをオーディオグラムといいます）。

さらに、それからしばらくたった二〇一七年、やはりアメリカの二つのシーワールドで、これまでに行われてきた行動実験と類似の方法で可聴域が調べられました。実験は八個体のシャチで行われています。

聞こえる音をめぐる攻防

さて、一九九一年以降の一連の行動実験や誘発電位測定によって求められたシャチの可聴域の特徴をみると、まずいずれも、一九七二年に最初に得られた値よりは高い周波数帯域まで音が聞こえていることが明らかとなりました。すなわち最大可聴周波数は一一〇キロヘルツ前後で、そのうち高感度域の上限は八〇キロヘルツ前後であることがわかりました（図5・5）。

これに対して、同様な方法で求められたバンドウイルカ、シロイ

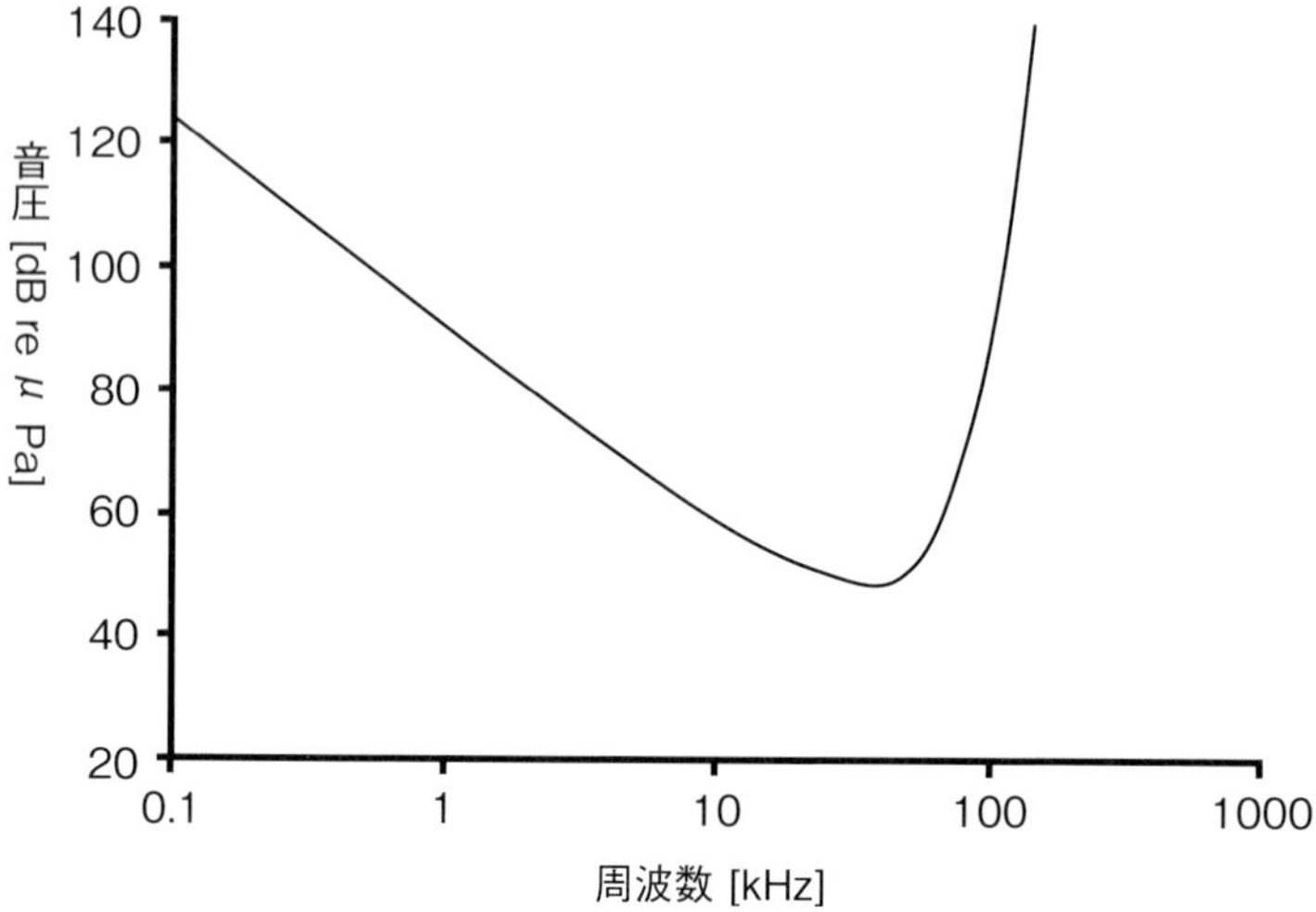

図5・5　シャチのオーディオグラム（模式図）（Branstetter et al., 2017をもとに作成）

ルカ、ネズミイルカなどは高感度域の上限が一〇〇キロヘルツから一五〇キロヘルツと、シャチよりははるかに高い音までが範囲となっています。

さらに、そうしたイルカではもっとも聴覚感度が良いのはそれぞれおおむね五〇キロヘルツから一二〇キロヘルツの音であるのに対して、シャチではそれより低い三〇キロヘルツ付近が最良の周波数になっています。

このようにシャチの最適な周波数が低いのは、まず、大きな動物の場合、耳のなかの蝸牛管が長いため低周波の音が受容されやすいためと考えられています。シャチもからだの大きなイルカなのでそうした理屈があてはまることになります。

また、シャチは海獣などのからだの大きな動物も獲物としているため、エコーロケーションで発するクリックスの周波数も低くてすむといったことも理由の一つと考えられています。実際、シャチの発するクリックスの周波数は四〇〜六〇キロヘルツがピークであるのに対して、それ以外の種では、たとえばネズミイルカ（約一二〇キロヘルツ）、バンドウイルカ（約一一〇キロヘルツ）、カマイルカ（約一一〇キロヘルツ）はそれよりはるかに高い音になっています。

このようにシャチとそれ以外のイルカとで音の受容範囲にちがいがあることは、イルカが天敵であるシャチとで聞こえる音、発する音の範囲をずらすことによりシャチの餌食になることを回避するという生態的な意味を物語っています。

イルカの遊び

「遊び」も知的な行動の一つです。海の動物では群れをつくるものは多いですが、遊びのような行動をする種は多くありません。

イルカ類はよく遊ぶことが知られています。海のなかでの遊び道具は、浮かんでいる木切れやごみ、海藻など、さまざまです。海藻ではそれを吻先や鰭に引っ掛けて泳ぎまわってみたり、小魚は口に含んでは吹き出したり、器用に遊ぶ光景が見られます。また、小さなサメを遊び相手にすることもあるようです。

飼育下の個体でも種々に遊びが見られます。ボール、塩ビパイプ、ホース、浮きといった遊び道具を水槽に入れてやると、それらをくわえたり、放り投げたり、振りまわしたりと器用に遊ぶようすを見せてくれます（図5・6）。また、ヒト（飼育員）も楽しい遊び相手です。ヒトを相手にボールでキャッ

図5・6　ボールで遊ぶバンドウイルカ（鴨川シーワールドで撮影）

チボールするのもよく見られる光景です。

こうした遊びの目的はなんでしょう。まず、生きるための技術を習得するためと考えられます。不規則に動きまわるもの、扱いにくいものをコントロールすることで餌の取り方を会得するものかもしれません。

しかし、その一方で、遊ぶための遊びと思われる行動もあります。たとえば、自分で取り込んだ空気を使って空気の輪をつくり（いわゆる「バブルリング」）、それをくぐったり壊したりするイルカがいます。空気を使ってリングをつくることを学習しただけでなく、上に向かうはずの空気を横に出したり前に出したりするにはそれなりの「練習」が必要ですが、そうしたことを介しながら自分で自分の「遊び道具」をつくるのはかなり知的な行為であるということができます。このバブルリングはイルカの生活に必要なものとは思えず、まさに遊ぶための遊びといえるでしょう。こうした遊びができるのは脳に余裕があるためと考えられます。

大きな脳を有するイルカでは、脳にさまざまな情報処理システムがあり、情報を種々に統合・処理しているものと思われますが、それは本能的な行為をつかさどるものばかりでなく、社会性といった高度な知的特性を形成する部位もあることでしょう。そしてさらに、こうした「遊び」、すなわち、自らの生存に直接関係しない行為を起こすような余裕のシステムも存在しているのかもしれません。

シャチの遊び

シャチでも遊びと思われる行動が見られます。

たとえば海藻が生い茂った海域を訪れては、海藻を背鰭に引っ掛けたり、巻き付けたりして、イルカと同じような遊び方をします。ときにはゆっくりと海藻で背中をなでられるように泳ぎ、その感触を楽しんでいるようにも見えます。

また、バンクーバー島のジョンストン海峡ではラビング（55頁参照）が伝統的に見られてきた行動です。そこは粒の揃った小石が海底に敷き詰められたようなところで、シャチたちは餌とするサケの狩りのシーズンでも、一日に四、五回ラビングをしにやってくることがあります。

ラビングをしながらも盛んに鳴音を出しており、ときにはほかのポッドのコールをまねしているような音を出しながら、こうした小石のマッサージを楽しんでいるようです。これもシャチにとっては遊びの一つかもしれません。

この行動がはじめて研究者によって観察されたのは一九七三年ごろですが、地元の漁業者たちはもっとずっと前からシャチのその行動をすることは知っており、おそらくシャチにとっては先祖代々伝わってきた「遊び」なのでしょう。

シャチは時々、食べる意思のない動物を襲うことがあります。たとえばその一つがウミガメ。胃の内容物の調査でシャチの胃からウミガメが出てくることがあり、ウミガメも餌となっていることが明らかとなりました。実際、アオウミガメをシャチが群れで乱暴に振りまわしたり、足をくわえて水中に引きずり込むといった行動も観察されました。しかし、そうした行動のあと、そのウミガメを食べることはせずに解放し、自分たちは泳ぎ去っていきました。

シャチによるこうした行動はウミガメ以外の動物に対しても見られることがあります。たとえば、ネズミイルカもよくシャチに襲われる動物として知られていますが、死んだあとも襲ったシャチは必ずしもそのイルカを食べるわけではないのです。

また、本書でも紹介したように、バルデス半島でシャチがオタリアを襲う狩りでも同様なことがありました。捕えたオタリアの子どもをさんざんいたぶったあとで、食べずに岸へもどしていたことです（95頁参照）。

こうした行為の目的が何なのかははっきりしません。動きまわるウミガメ、イルカ、オタリアといった動物を単に「遊び道具」ととらえて〝楽しく遊んでいる〟だけなのか、あるいは捕えて弱らせる技術を練習・修得しているのか、それともその両方か、それは明確ではありません。

また、こうした行動は一個体で単独で行うこともありますが、群れ（複数の個体）で行われることも少なくありません。餌の取り方を子どものシャチに教えたり、経験させたりする教育的行動とも考えられ、遊びを通して「狩り」の技術を年長の個体から若い個体や子どもへと教えていくことでその知識を受け継がせているのかもしれません。

鏡像認知

朝、鏡を見ながらひげをそったり、お化粧をしたりするのはそこに映っているのが自分だとわかっているから。鏡に映った像を自分自身と認識できることを鏡像認知といいます。これは自分自身を認識する自己認知の形の一つです。

自己認知は高度な認知能力の一つとされ、その解釈の一つとして、群れで社会的な関係を構築している場合、他者を理解することの対極として自己を認識できるということがあることがあげられています。すなわち、それは他者と自己の区別ができ、社会的知性を裏付けるものということでしょう。

陸棲動物ではチンパンジーをはじめとするいくつかの霊長類やアジアゾウなどの哺乳類、カワサギなどの鳥類などが鏡に対して反応したことがわかっています。また、近年、哺乳類のような複雑な社会性を有しない魚類のホンソケワケベラが鏡像の自己認知ができると話題になりました。

イルカ類でもこれまでいくつかの種で鏡像認知に関する研究が行われました。鏡に映っている像を自分自身と認識しているかを知るには、単に鏡を見ているかどうかだけでは十分ではありません。現在もっとも用いられている方法は「マークテスト」とよばれるものです。動物の顔などに口紅やそのほかのものでマークを付け、動物が鏡を見ながらそのマークを気にするしぐさを見せたら、そこに映っているのを自分自身と認識しているとされています。

シャチの鏡像認知

この方法でシャチの自己認知が調べられました。

実験が行われたのはフランスの水族館で、水槽に鏡を設置し、また、何も置かれていないただの窓を対照実験としました。そうしてそれらに対する五頭のシャチの行動を観察したところ、そのうちの一個体が頻繁に鏡の前に寄って来る行動が見られました。そして、鏡を見ながら口を開けたり、頭部を振ってみたりする行動を見せました。こういう行動は鏡の像を自分自身と確認する行動と見なされ、随伴性行動とよばれています。

そこで、本当に自分についての反応なのかを確かめるため、このシャチについてマークテストが行われました。吻の上部の黒い体色の部分に白いクリームを、吻の下顎の白い部分には緑色のクリームがそれぞれ塗られましたが、それらのクリームは体色と明瞭なコントラストになるため、マークは見えやすくなっています。

シャチにこうしたマークを付け、鏡に対する行動を観察しました。するとシャチは鏡の前でさまざまな行動を見せ、また、壁で吻部のマークを擦り落とすような行動を示しました。さらに、そうした擦り落とす行動をした後、再び鏡の前にやってきて、顔を確認するような行動すら見せたのです。このことから、このシャチは鏡に映っているのを自分自身と認識していると考えられました。しかし、わずか一個体だけの反応であり、ほかの個体ではそうした行動は見られておらず、また、確認をしに来たと思われる行動の定義も曖昧なため、自己認知をしていると断言するにはもう少し議論が必要です。

筆者もシャチを対象に鏡像認知実験を行いました。鴨川シーワールド（千葉県鴨川市）で飼育されている四個体が対象です。

方法は上述した実験と同様、水槽内から見える場所に鏡を設置しました。すると、鏡を設置したとたん、シャチが鏡の前に現れ、現れてははなれ、そしてまた現れてははなれという行動をくり返していました。ときには観察時間中、まったく鏡の前をはなれないこともあり、関心の高いようすが見られました（図5・7）。鏡に向かっているときにはさまざまな行動やしぐさをすることもあります。口を開けておどけるような行動も見られ、自己指向性反応と考えられます。

マークテストも試みていますが（図5・8）、明らかにマークを気にしている行動が見られています。しかし、これも前述のフランスの実験と同様に、鏡に対する反応には個体差が見られました。鏡に興味を持つ個体とまったく無関心な個体とがいるのです。そうしたちがいがシャチの生態的な意味に由来したものか、各個体の履歴に由来したものかはわかっていません。

前述したように、自己認知は群れなどの社会的な環境においては自己と他者を認識する重要な認知機

図5・7　鏡像認知実験。鏡に興味を持つシャチ（鴨川シーワールドにて実験）

能の一つとされています。シャチは、高度な知的特性を有し、ポッドに代表されるように堅固な家族構成や多くの個体からなる集団をつくり、また、仲間と協力して狩りを行うという複雑な社会性も有しています。自己認知の能力は、そうした社会的な環境で生き抜いていくための素養や能力として自己と他者を明確に認識する必要から備わったものなのでしょう。

なお、このような鏡像認知能力は、シャチ以外ではバンドウイルカでも検証されています。シャチと同じように鏡に対して頻繁に反応し、またマークテストにも合格しており、自己認知能力があるとされています。

また、筆者はシロイルカにおいて同じように鏡の呈示実験をしてみました。しかし、その個体は鏡にまったく反応せず、鏡の前を素通りするだけでした。これらのイルカはシャチと同じように、群れをつくり、社会性が高い種ですが、このように鏡に対する反応が年齢的なものなのか、生活している環境に由来しているのか、その理

図5・8　マークテストの準備（鴨川シーワールドにて実験）

由はわかりません。

筆者の研究ではシャチでは個体によって鏡に対する反応にちがいが見られましたが、こうした反応の個体差はこの実験に限ったことではなく、ほかのイルカやほかの動物でも見られ、その理由についてももっと実験例を増やして検証する必要があります。

まねするイルカ

私たちヒトはまねをし、まねをされる動物といわれます。生まれたばかりの乳幼児は生後一二日目ごろから動作模倣が始まり、母親のしぐさ、表情など、さまざまなことをまねしはじめます。また、まねを間違えると自分の模倣反応の修正までずることも知られています。

乳幼児といえども、こうした他者のまねをするには脳内に複雑な情報処理過程が必要です。相手の動作を見る、その動作を記憶し、イメージに置き換える、そして筋肉に指令を出して再現する……という過程を経て模倣が成立します。
さて、海獣類はそうした模倣はできるのでしょうか。

海獣類、とくにイルカ類が何かの動作を模倣したということについて、いくつか報告があります。たとえば、バンドウイルカが水槽内を泳ぐウミガメのまねをしてみたり、相手のイルカを威嚇するのにサメの泳ぐまねをしてみたりといった観察例が知られています。

また、動物のまねだけでなくヒトのしぐさをまねしたことも報告されています。それはバンドウイルカの子イルカが、水槽のガラス面の向こう側でパイプをふかしているヒトを見て、口に含んだ母乳を吹き出してまねをしたというものです。

これらはふだん予期せぬ、突発的に見られたまねの行動ですが、これに対して実験的に行った例としてハワイ大学のハーマンの知見があります。それはハーマンのところにいたバンドウイルカがヒトの動きを模倣したというものです。プールサイドに沿ってヒトが歩くと、イルカもそのすぐ横を立ち泳ぎのようなかっこうで並んでついて行き、ヒトがくるりと向きを変えるとイルカも立ち泳ぎしたまま向きを変えついていきます。また、ヒトがプールサイドに横になって足を上げると、イルカも腹部を上にして水に浮かびながら尾鰭を水面から跳ね上げる動作をしました。

このような実験からイルカがヒトの動きを逐一模倣できることが示されました。

行動をまねするシャチ

イルカと同じように、シャチも動作を模倣できることがわかっています。

フランスのマリンランド水族館で行われた実験では、シャチに別の個体の行動をまねさせる実験が行われました。それは二つの水槽で反対側にいる別のシャチが示した動作をまねするよう訓練したり（図5・9）、同じ水槽にいるシャチの行動をまねさせたりしたものです。〝仕掛け人〟のシャチには、被験体のシャチがふだん見なれている動作ばかりでなく、はじめて見る動作も行わせ、被験体となるシャチにそのまねをさせました。その結果、被験体のシャチは見なれた行動についてよくまねができたほかに、はじめて見る動作までもよい成績でまねをすることができました。このことからシャチが行動を模倣すること自体がで

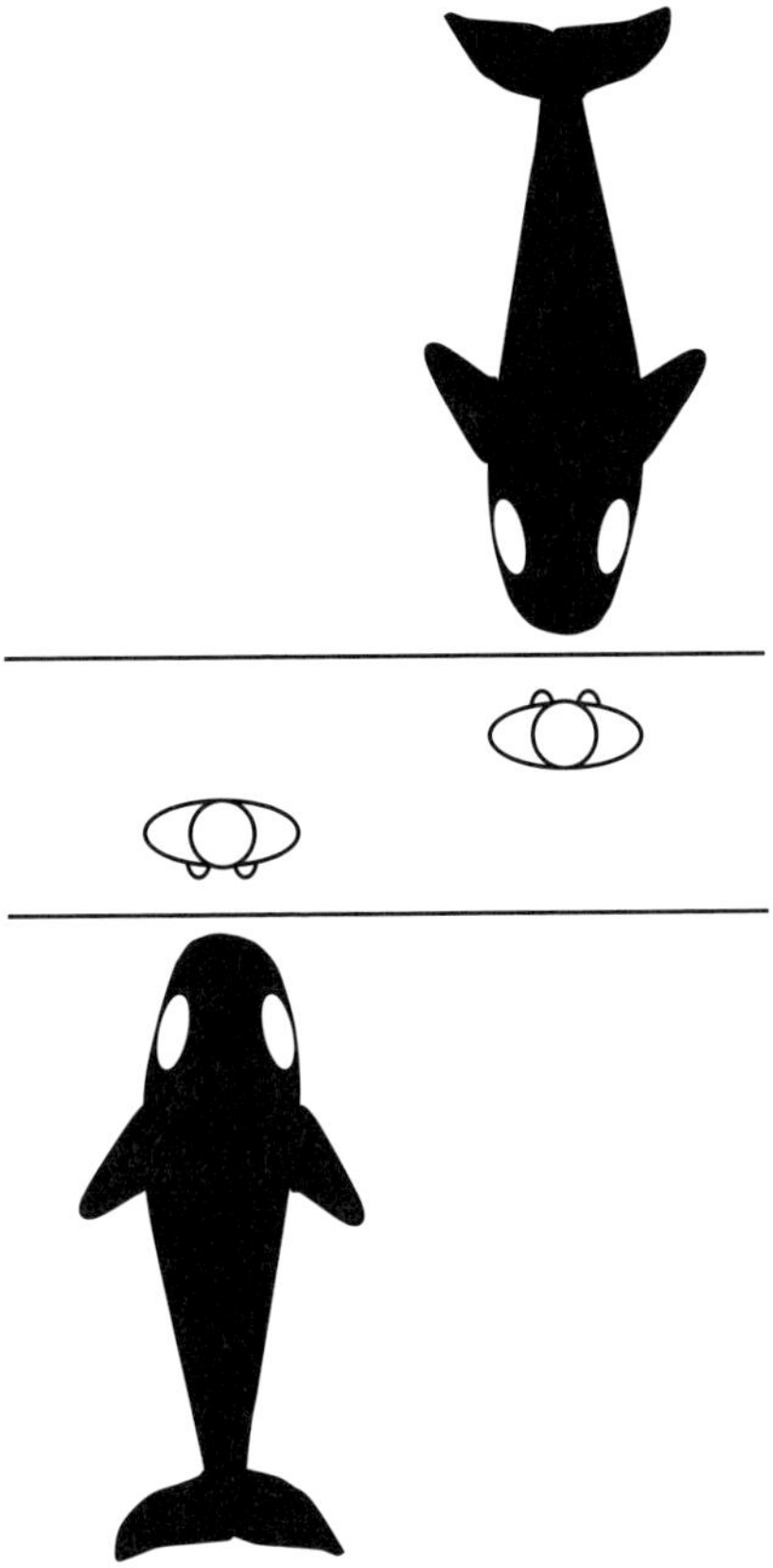

図5・9　シャチの行動の模倣実験。2つのプールを用いた訓練（Abramson et al., 2013をもとに作成した模式図）

きることが示されたうえ、見なれない新しい動作についてもそくざに学習し、模倣ができることも明らかとなりました。

まねをするという行為は、相手の動作と自分の動きを認識し、そしてそれらが対応していることを理解するものであることから、鏡の像の認識と共通した観念であるといえます。

イルカ類の音声模倣

模倣する対象は行動・しぐさだけではありません。動物のなかには音のまねができるものもいますし、生きるうえでまねすることが重要な役割を持つ場合もあります。

音を模倣する動物として、まずあげられるのは鳥類です。鳴禽類は幼鳥のころからほかの個体の歌を模倣して学習していくことが実験的に確かめられています。また、キュウカンチョウやオウムはまねが上手なトリで、音声模倣学習が長期にわたって持続していることを示しています。さらには、ヒトの音声言語を機能的に模倣していることでよく知られているのが〝アレックス〟という名のヨウムです。アレックスはヒトの言葉を聞き分け、質問に対して、学習した英語で発音して答えることができました。

こうした音声模倣はイルカ類でもよく見られます。イルカ類は音感の動物といわれるように水中では音を巧みに利用していますが、自発的にお互いのホイッスル（シグニチャーホイッスル）を模倣していることも知られています。こうした音を模倣することによりお互いのコミュニケーションを深めているのかもしれません。また、そのほかにもイルカが水中のさまざまな音や機械音などを模倣した例があります。

では、イルカはヒトの声は模倣できるのでしょうか。かつてアメリカの大脳生理学者のジョン・カニンガム・リリーはバンドウイルカにヒトの言葉やアルファベット、あるいは「ワン、ツー、スリー」といった数を数える言葉を模倣させようとしました。しかし、あまり正確に再現・模倣はできず、結局、その研究は頓挫しました。しかし、それでも実験者の呈示した言葉のイントネーションやリズムは似ているものがあり、イルカがヒトの声について一定の模倣ができることはわかりました。

その後も、別の研究においてバンドウイルカはコンピューターでつくられた人工音を正確に模倣することができることが報告されています。イルカには声帯がないので、模倣音は呼吸孔から出入りする空気を鼻腔内で調節して発していることになり、模倣する意図を持たないとできません。

筆者はシロイルカにおいて、コンピューターで合成した音やヒトの声、言葉を聞かせ、それを模倣させる実験をしました。その結果、呈示された声や言葉（単語）のパターンや抑揚を正確に模倣していることが示されました。ほかにもアメリカでは研究所で飼育されていたシロイルカがヒトの声をまねしたという知見が発表されています。シロイルカは「海のカナリア」といわれるように、さまざまな抑揚やパターンの鳴音を発することが知られており、こうした音色の多様さがヒトの声や言葉を模倣するのにも役立っているのでしょう。

シャチの音声模倣

さて、ではシャチは音のまねはできるのでしょうか。

シャチが同じ水槽内で飼育されている別のシャチの鳴音を模倣しているという観察報告があり、このことからシャチにも一定の音声模倣能力があることがわかります。

さらに、近年、シャチがヒトの声を模倣した研究例が発表されました。それはフランスのマリンランド水族館で飼育されているシャチが、ヒト（飼育しているトレーナー）が発した「ハロー」や「バイバイ」、「ワン、ツー、スリー」などの言葉、あるいはヒトの名前やかけ声など、シャチがふだん聞きなれない音（言葉）を模倣することができたというものです。しかも、被験体のシャチは覚えるのが早く、新しい言葉を聞かせてもほとんどが一〇回程度の訓練（早い場合は三回）で習得することができたことが報告されています。

イルカ同様、シャチも頭部の呼吸孔あるいはその奥の嚢状の構造物などを空気が出入りすることにより発せられた音ですが、もちろん、これはヒトの声をくり返しているだけで、その意味を理解しているわけではありません。シャチがヒトの声をまねした例はほかにはまだなく、さらに研究の進展が期待されます。

模倣はヒトの学習やコミュニケーションにおいて重要な機能と考えられます。ヒトの言語は社会的成員からの模倣で学習・習得されたものです。ヒトは社会的学習により「模倣する」ことでその知性を進化させてきました。

シャチにもそうした経緯や可能性があるのでしょうか。

ここで紹介したシロイルカやシャチが生得的に音声模倣能力を持っていることが示されれば、シャチにおいても言語の理解、言語能力の有無についても研究の矛先が向いていく可能性があります。

シャチの認知実験

イルカ類では、これまで野生すなわち海における生態を知るためのさまざまな研究が行われてきましたが、それは主に観察を中心とした方法（調査）で、目撃された種々の行動からその目的や意義などが検討・考察されてきました。

しかし、感覚能力や知的特性といったことに関しては環境や条件を統制しなければならないため、飼育下の個体において実験的に調べなければなりません。そうした研究は、これまではバンドウイルカを対象としたものが圧倒的に多く、ほかにはカマイルカ、オキゴンドウといった種が研究の対象となってきました。

もちろん、シャチでもそういった研究は行われており、たとえば上述したシャチの視力を調べる実験や音感能力を測定する研究も、こうした条件を整えた状況の基で実験・測定されてきたものです。

しかしながら、ほかのイルカに比べて、認知に関してはシャチの研究はそれほど多くありません。本書でも取り上げてきたように、野生ではさまざまな知的な行動が見られているのに、それを裏付ける認知特性などについてはほとんど解明されていません。そうしたことを調べるには飼育下での実験的な解析が必要ですが、シャチはそうした研究には不向きなのかもしれません。

その理由は、まず、シャチという動物がどこでも飼育できる動物ではないことがあります。そのため飼育園館が限られ、被験体となる飼育個体自体が少ないわけです。

また、からだが大きな動物であるがゆえの実験上の困難さも考えられます。実験に必要なスペースや動物が自由に行動して実験に参加できる空間、すなわち、大きな水槽が必要です。また、ほかの個体との関係や実験に携わる人員の調整もしなくてはなりません。

しかし、そもそもシャチ自体を研究する意義がはっきりしてこなかったことが大きな要因にあげられるでしょう。イルカの感覚や知能について知りたいのであれば、飼育が容易で、もっと実験のしやすい種で行えばいいわけで、わざわざシャチを使う必要はありません。こうした理由を考えると、認知や行動の実験は、いきおい実験のしやすい種、バンドウイルカやカマイルカといったイルカたちになってしまうのは当然です。

しかし、近年、野生のシャチの行動生態が明らかになるにつれて、その知的特性を検証する意義が生まれてきました。野生の行動、群れどうしの行動、個体間関係など、観察された特異な行動の意味や動機を知るのにその認知特性、行動特性の面からの解析も重要な示唆を与える可能性があるからです。

そもそもシャチで実験するとは

さて、筆者はこれまでイルカ類においていくつか認知に関する研究を行っていますが、シャチについても同様です。シャチはからだが大きな動物であり、飼育できる環境も限られていますが、そうした事情の許す範囲でさまざまな認知実験を積んできました（図5・10）。

飼育下での個体間関係、バウト行動、概念形成と、研究テーマはさまざまですが、少しずつ飼育下でなければわからない成果が得られています。

自己認知のような観察は動物の自由な動き・行動を測定すればよいので、動物に対する事前の準備（条件づけの訓練など）はあまり必要ありません。それに対して、感覚を調べたり、認知を探る実験は「選ばせる」とか「鳴かせる」とかいった、動物に「何か行動させる」手続きが必要であるため、事前の訓練が必要です。

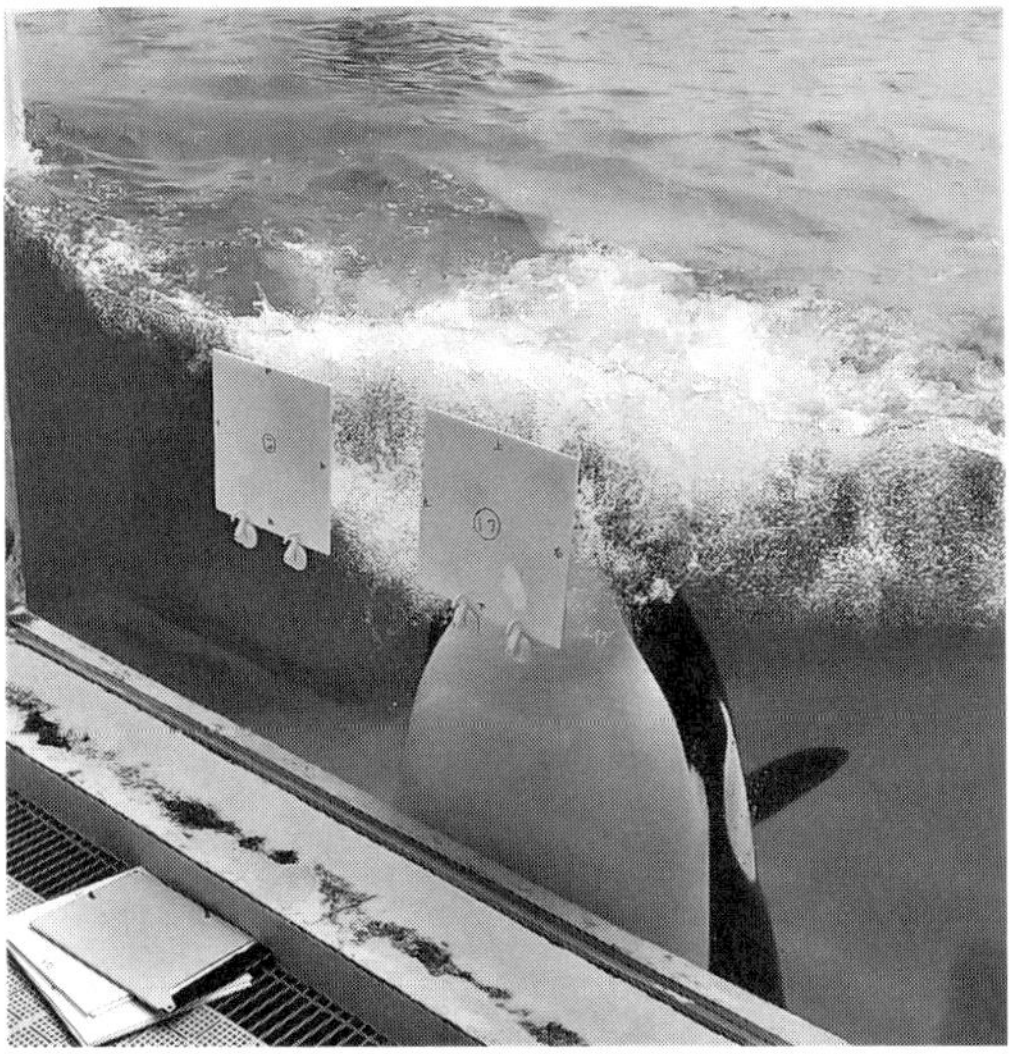
図5・10　認知実験（鴨川シーワールドにて実験）

たとえば、シャチの可聴域を調べる実験（129頁参照）や視力を測定する実験（126頁参照）も、音を聞かせたらいきなり囲いから頭を外してバーに吻タッチしたり、あるいはいきなり二本線のほうを選んだりするのではなく、事前にそうさせる訓練をしているのでできる所業なのです。そうした訓練の原理はオペラント条件づけとよびますが、何か行動をしたときに環境が変わる（ここでは餌を与えられる）ことによって、その行動が増えるような操作・過程のことです。すなわち、どちらかを選べば餌を与えられることで、再度、それを選ぼうとすることです。

こうして選ばせたいこと、させたいことを学習させていくわけです。

その結果、すでに本書で紹介した知見も含めて、シャチの持つ認知特性や概念形成、行動特性といったことについて徐々に明らかになりつつあります。まだ実験途上のものもあるので、その具体的な成果はまた機会を改めてご紹介するとして、実験に取り組む状況を概略的にいうならば、図形の識別などのような基本的な弁別の実験については、非常に学習能力の高い動物であるので、あまり時間をかけずに習得でき、成果もあがりやすいものとなっています。

しかし、概念の検証とか種や個体の認知や仲間とのコミュニケーションなどは難易度の高い研究のため、ほかのイルカ類に比べてシャチでは、まだ知見は十分でなく、今後の解明にゆだねたい点も多々残されています。

その一方で、知的な動物ゆえに「飽き」のような行動もよく見られるので、実験の進め方についてはシャチとヒトとのこんくらべのようなところもあります。あるいは個体ごとの「性格」ともよべるちがいや年齢の経過に伴う集中力の変化も生じる場合もあります。

そうした種々の環境のちがいや変化を調整しながら、水族館にとっては、いわば花形の動物であるシャチを対象とした実験をデザインすることは容易なことではありません。さらに、シャチを使った実験では、その園館にも非常に大きな負担を強いることになることも忘れてはいけないことです。

6章

水族館とシャチ

水族館の歴史

シャチは世界中の「海」に分布していますが、「陸上」にもシャチは生息しています。それは水族館です。

ただ、あのように巨大な海の動物を限られた施設で飼育することは容易なことではありません。しかし、シャチの飼育をめぐるさまざまな変遷の結果、今、私たちは海の生態系の頂点に立つシャチを「水族館」という陸上の場所で見ることができるようになったのです。わざわざ遠くの海まで出かけなくとも、あるいは長時間船に乗って行かなくても、もっと身近でシャチを見ることができるわけです。ここではまず水族館の歴史を紐解きながら、シャチの飼育の歴史や状況を垣間見ることにしましょう。

水族館は、そもそも動物園の一角として誕生しました。そこでまず、動物園のはじまりから見てみましょう。

動物園の歴史は紀元前にまでさかのぼります。紀元前一一世紀ごろに古代中国でトラ、サイ、鳥類、魚類などが捕獲、展示されていました。また、紀元前七世紀にはギリシャでも動物が展示されていたようです。さらに、紀元前一世紀ごろには初代ローマ皇帝がトラ、ライオン、ゾウ、カバ、ワニなどを多数飼育していました。

紀元後になると、九世紀にフランク王国カール大帝が大動物園をつくり、ゾウ、キリン、ヒョウ、ライオンなどの動物を連れて巡回動物園を行っていました。また、一三世紀にはローマ帝国では皇帝がゾウ、キリン、ライオンなどを飼育する大動物園をつくりました。

ヨーロッパではこのように貴族や支配者により動物園が造営されていた歴史があります。しかし、それらの動物の飼育は展示のためではなく、ヒトと動物の闘争を見せるための動物飼育であったり、権力や支配を誇示するためのものでした。よってそれらは本来の動物園ではなく、その後の中世における動物飼育も近代的なものといえるものではありませんでした。

近代化された設備や展示として最初に開園した動物園は一七五二年のオーストリア・ウイーンのシェーンブルン動物園といわれています。ただ、これも異説があり、近代動物園としては、一八二五年に開園したロンドン動物園が最初ともされています。こうした動物園の開園を契機として、その後、世界各地で近代的な動物園が増えていきました。

さて、一方、水族館はどうなっていたのでしょう。

水族館がいつできたのかについても諸説ありますが、海や川の生き物を飼って愛でる習慣は、やはり古代までさかのぼります。

サカナを飼うこと自体は古く、紀元前二五世紀には古代バビロニアのシュメール人が淡水魚を、また、紀元前一一世紀には古代中国（周）の武王がトラやサイ、トリと一緒に魚類を飼育していたようです（「家魚」）。

また、紀元一世紀、ローマ帝国でも食用や観賞用として海産魚が飼われていたとされています（このとき飼育されていたのは、当時、地中海で多用されていたウツボらしい）。水棲動物を飼育するということではこれらが最初ということになります。しかし、それはまだ水族館として独立した意味合いを持つようなものではありませんでした。ガラスの水槽で観賞用に魚類を飼育することが水族館の一つの定義とするなら、そのはじまりの歴史はもっとずっと後になります。

一定の文化施設としての水族館は今から約一九〇年前、ヨーロッパの動物園の一角から誕生しました。定説によれば、最初の水族館は一八三〇年にフランスのボルドーにできたものとされています。しかし、そこではサカナや貝類が水生植物とともに入れられたガラスの水槽を並べて数点展示されていただけでした。当時、フランスはガラス先進国で、精巧なガラス水槽の製作ができたことがこうした水族館誕生の背景にあったのかもしれません。

次にできた水族館もやはりフランスで、パリの小規模な動物園の一角にガラスの水槽が並べられただけのもので、昆虫や無脊椎動物と一緒に魚類も展示されていました。しかし、単に水槽を並べただけのもので近代的なものではありませんでした。

しかしその後、貯水槽やポンプなどを用いた水を循環するシステムやろ過技術の開発とその進歩に伴って近代的な濾過循環装置を備えた水槽・水族館が世界各地に誕生しました。そして、そうした循環システムを備えた近代的水族館が、前出のロンドン動物園の一角に開園しました。一八五三年のことです。一般にはこれを最初の水族館とすることが多いようです。そこは「フィッシュハウス」とよばれ、板ガラス製の水槽が一四個ほど並べられ、そのうちの八個に海洋生物が入れられ、はじめて海の生物の展示が行われました。やがて一九〜二〇世紀にかけて、西ヨーロッパ各国の著名な都市で盛んに水族館が建設されるようになりました。

日本の水族館

さて、では日本の水族館はどうかというと、それもやはりヨーロッパの水族館と同様、動物園の付属施設としてオープンしたのがはじまりです。

一八八二年、上野動物園の一角にオープンした「観魚室（うおのぞき）」というのが、わが国最初の水族館です。ヨーロッパの水族館の様式をそのまま再現したようなものでしたが、動物園の一部としてのもので、まだ本格的なものではありませんでした。

二番目の水族館は一八八五年に開園した「浅草水族館」です。わが国最初の民営水族館として、海水水族館として海産魚を飼育していましたが、まだ海水循環の技術のなかった時代で、一年ほどで閉館したとされています。

その後、水産博覧会用に造営された和田岬水族館（兵庫）が一八九七年に、また、一九〇三年には第五回内国勧業博覧会で堺水族館が兵庫に、それぞれ開園しました。これらはわが国最初の濾過循環システムを備えた近代的な海水水族館でした。そして、その後、日本各地で水族館がオープンしていきました。

イルカ飼育のはじまり

前述したように、水族館は当初は魚類を中心とする展示で海獣類の展示は行われていませんでした。では、イルカ類の飼育・展示はいつからはじまったのでしょう。

世界では紀元一世紀にはローマ皇帝がシャチと近衛兵を闘わせて見世物にしていました。また、一四〇〇年代にはフランス・ブルゴーニュで宮殿の池でネズミイルカが飼育されていた記録があります。しかし、これらは展示するための飼育ではありませんでした。

飼育目的の施設としては、年代は明らかではありませんが、一八五〇年代にコペンハーゲン動物園でネズミイルカが飼育されたのが最初とされています。また、一八六〇年代にはカナダのセントローレンス川で捕獲された六頭のシロイルカが飼育されました。

年代が明らかなものとしては、一八七三年、漁具で混獲されたガンジスカワイルカ、フランスでのバンドウイルカなどがありますが、これらの飼育個体ではカワイルカの眼の構造やバンドウイルカの呼吸といった科学的な研究成果があがっています。

さらに、一八七七年にはイギリスのミンスター水族館がシロイルカを飼育しています。複数飼育は一九一四年ニューヨーク水族館でのバンドウイルカではじまりました。しかし、これらの飼育はいずれも大型の水槽によるものではありませんでした。

世界で最初に、飼育のためにつくられたイルカ・クジラ専用大型水槽で近代的な方法によってイルカの飼育が行われたのは、一九三八年のフロリダ州セントオーガスティンのマリンスタジオとされています。そこではイルカショーや大型のクジラの展示も行われていました。また、一九四七年にはバンドウイルカの飼育下の繁殖にも成功しています。

日本に目を向けると、日本で最初にイルカが飼育・展示されたのは、一九三〇年、中之島水族館（現、伊豆・三津シーパラダイス。静岡県）です。そのときバンドウイルカが飼育されていましたが、当時はバンドウイルカに和名がついていなかったため「シャチ」という名前で展示されたという逸話が残っています。なお、この中之島水族館では一九三八年に世界初のミンクシクジラを三か月間飼育し、さらに一九七七年には世界初のセイウチやラッコの飼育もしています。

その次にイルカを飼育したものとして、一九三四年、阪神パークにおけるカマイルカの飼育記録があります。

中之島水族館は湾の一部を仕切っての展示でしたが、水路式ではなく、海と同じようにさまざまな海の生物を一つの大型の水槽で飼育するオセアナリウム式の水槽を備えて日本で最初にイルカの展示をしたのは江の島マリンランド（現、新江ノ島水族館）です。飼育されたのはカマイルカ、バンドウイルカ、ハナゴンドウなどで、日本初のイルカショーも行われていました。イルカショーは人気を博し、その後、各地の水族館でイルカの飼育と公開展示（ショー）が行われるようになり、現在に至っています。

シャチの飼育の歴史

日本国内の水族館で飼育されている海獣は、まずハクジラ類、そのうちでもイルカ類がもっとも多く、ほかにはアシカ類やアザラシ類、トドやセイウチなどが飼育されています。数は少ないですが、ジュゴンやマナティを展示している園館もあります。希少なのはラッコで、かつては多くの水族館で展示され人気を博していましたが、現在では国内で数個体だけになりました。ホッキョクグマは水族館だけでなく、動物園でも飼育されています。

さて、シャチはどうでしょう。

古く歴史をたどれば、前述したように紀元一世紀ローマ皇帝が座礁したシャチを飼育して兵士と闘わせた記録があります。ただしこれはシャチとヒトと闘わせることが目的で、「飼育」とは趣旨が異なるものです。

近代的な飼育に目を向けてみましょう。

シャチは一九六一年にアメリカのバンクーバー水族館ではじめて飼育が行われ、一九六五年より長期飼育が可能になりました。そして、一九八五年にアメリカのフロリダ・シーワールドではじめて飼育下での繁殖に成功しています。

日本では、一九七〇年九月にアメリカのシアトルで捕獲された二個体のシャチが鴨川シーワールドへ搬入され、その年の一〇月から日本ではじめてシャチの展示がはじまりました。ショーも公開され、多くの注目を浴び、国内でシャチの知名度が一気に上がりました。

その後、一九七八年四月には網走沖でシャチの幼獣が保護され、二週間、鴨川シーワールドで飼育されました。また、一九八二年にはアイスランドから二個体、鴨川シーワールドへ搬入され、飼育展示されました。

こうして鴨川シーワールドで日本初のシャチの飼育が行われましたが、その後、現在に至るまで、計六つの園館で飼育されています。鴨川シーワールドのほかには、一九七八年アドベンチャーワールド（和歌山県）がアメリカの水族館で飼育されていたシャチを一個体、また、一九七九年和歌山県太地町で五個体のシャチが捕獲され、そのうち太地町立くじらの博物館（和歌山県）が二個体、アドベンチャーワールドが一個体を飼育しました。さらに一九八二年江の島水族館、一九八六年伊豆・三津シーパラダイスでもシャチが飼育されています。

一九九七年には水産庁の許可を得て一〇個体のシャチが太地町畠尻湾で捕獲されましたが、そのうちの五個体が学術目的としてアドベンチャーワールド、太地町立くじらの博物館、伊豆・三津シーパラダイスで飼育されることになりました。後に、そのうち太地で飼育されていた一個体が学術研究のためとして名古屋港水族館（愛知県）へ移動し、六館目のシャチを飼育している水族館となりました。

しかし、現在（二〇二一年四月）、シャチが飼育されている園館は鴨川シーワールドと名古屋港水族館だけとなっています。

なお、現在は学術目的以外にシャチを捕獲することはできません。

給餌

野生のシャチが食べる餌はすでに紹介しましたが、飼育下のシャチは何を食べているのでしょうか。もちろん、海獣類を餌として与えることはなく、与えるのは魚類が中心です。ただし、魚種は園館によって若干のちがいはあるようです。主な餌としてはサバ、ホッケ、ニシンなどですが、スルメイカを与える園館もあります。一日の給餌量はおおむね体重の三〜四パーセントがふつうです。ただ、体重自体が数トンにもなる巨体なので、与える餌も一〇〇キロを超すこともふつうです。

こうした餌のサカナたちは冷凍して保存されているので、それを必要な量だけ解凍し、傷の有無や鮮度を確認しながら、用途に応じて大きさを切り分けたり、量を分けたりします。ショーに用いる場合と給餌する場合で餌の大きさも数も異なります。こうしてシャチのトレーナーは、毎日、バケツで何杯にもなる餌の調餌をしているのです。

給餌のポイントは食欲のチェックです。飼育個体の健康状態を知る大きな指標の一つが餌の食いです。給餌ではただサカナを口に入れてやればいいのではありません。餌を食べるときの行動やようすをよく観察しなければなりません。餌を与えてもあまり食べなかったり、あるいは給餌するトレーナーのところに近寄っても来ないような場合は、健康状態になんらかの異常が起きている可能性があります。食欲は、ヒトと同じく、健康の重要なバロメーターになのです。

図6・1　ジャンプするシャチ（写真提供 岡田徳子氏）

シャチの訓練

シャチのさまざまなパフォーマンスを公開展示するにはそのための訓練が必要です。サイン一つで豪快にジャンプしたり（図6・1）、ヒトを背中に乗せたり、あるいはヒトを吻先で押し付けながら空気中にジャンプさせたりといった高度なわざも基本の積み重ねでできあがるのです。

シャチであれ、イルカであれ、訓練の仕方は基本的には同じです。いずれもオペラント条件づけで行われます。ジャンプをして餌を与えられたら、もう一度同じことをしようとするよう条件づけするわけです。

たとえば、シャチがいきなり高いジャンプをしたり、ヒトを背中に乗せたりするわけではありません。どんな複雑な行動や高度な実験でも、

図6・2　シャチの訓練（鴨川シーワールドにて撮影）

条件づけと学習によって、はじめは単純なこと、やさしいことからはじめて（図６・２）、徐々に段階を上げていき最終的な形に近づけていきます。これを逐次接近法といいます。

しかし、これまで見てきたように、シャチは複雑な社会性や知的特性を有する動物なので、複数で飼育していると個体間に一定の関係ができることがあります。それが、母子を中心としたポッドのようなものになることもあります。個体どうしの結び付きも強くなり、したがって、訓練もその時々の個体間の関係を考えながら進めていくことになります。シャチの機嫌の悪いときなどは訓練どころではありません。

受診動作

飼育動物では定期的に健康診断が行われています。体重、ガース（胴のまわりの長さ）、体長、体温、呼気、血液採取などを行います（検査項目は園館によりちがいがあります）。

最近は、こうした測定をするために、サインだけで受診の体勢にするような訓練が行われています。受診動作訓練（ハズバンダリートレーニング）です。たとえば、体温は直腸温を測定しますが、サインで、水面で仰向けに静止するようにして、その体勢で体温計を挿入します。採血もサイン一つでじっとさせ、尾鰭から採取します。

もちろん、こうした方法はシャチも同じです。検査を実施するのに、シャチのほうから検査しやすい姿勢になるように訓練されています。たとえば、かつては体重をはかるのにプールの水を落水して行っていましたが、それは時間もかかるし、動物にとっても負担が大きいものでした。しかし、現在はステージ上に置かれた体重計に、サイン一つで載るようにして測定します。こうした受診動作は動物の負担も少なく、また、実施するにも水を全部抜くというような大掛かりな作業も必要ないので、毎日でもできる施術です。それが動物の健康を維持するうえでも大きな効果となっています。

環境エンリッチメント

「環境エンリッチメント」は「動物の福祉」の考え方に基づいた方策の一つです。すなわち、飼育される動物の側の立場に立ち、彼らに幸福な暮らしを実現してやることで心理学的な安定を与えるための具体的な方策のことです。換言すれば、動物を動物らしく飼育するためにさまざまな工夫を施すことです。

かつて動物を飼育するうえで重視されていたのが「繁殖の成功」と「病気の回避」でした。そのため、飼育施設は衛生的な面を考慮し、掃除のしやすい単調なつくりにならざるを得ず、その結果、動物に常同行動や自傷行為といった異常行動が出ることも少なくありませんでした。しかし、飼育技術や獣医学的な面の進歩によりそうした問題が解決された結果、注目されてきたのが環境エンリッチメントです。飼育動物の「こころ」の問題に目が向けられるようなったわけです。

環境エンリッチメントの代表的な方法として、給餌回数や給餌方法などに関した「採食」の工夫、知能テストのような実験やおもちゃなどを与えることによる「認知」課題、複数の個体を一緒に飼育することによる「社会」の構築、視界を広げたり、飼育ケージや水槽を大きくすることによる「空間」の確保などがあります。また、ヒトが相手になって「遊ぶ」というのも効果的とされています。いずれの場合も、究極的には動物の行動パターン、行動時間を増やす工夫により、その行動を保証してやることが目的です。

シャチの環境エンリッチメントの試み

環境エンリッチメントは動物園では多くのところが実践していますが、そうした試みのなかには水族館ではすでに以前から実施されているものも少なくありません。それはシャチについても同様です。

まず「採食」について見てみると、そもそも野生の動物は一日の大半を、餌を探す行動に費やしていますが、水族館では一般に給餌時間、給餌量が定められているため、動物はその時間に特定の場所で一定の量の食料を得ることができます。つまり、飼育下では採餌に費やす時間が短いことになり、それが単調な生活となって常同行動などの異常行動につながると考えられます。

シャチでも採餌方法を工夫をして餌を取る時間を伸長させる試みが行われました。たとえば、餌を氷のなかに閉じ込めて与えたり、ステージに上陸しないと取れない位置に餌を置いたりするなどの方法です。そうすることで、すぐには餌が取れず、採餌のための行動が必要になるばかりでなく、餌が手に入るまでの手間もかかることになり摂餌時間の伸長という効果が得られます。また、氷詰めの餌は遊び道具にもなります。ゆっくり遊びながら、氷が解けて餌が出て来るのを待つわけです。

認知エンリッチメントに関しては、水槽内に安全な（「飲み込まない」「引っ掛かったり絡まったりしない」ことが条件です）遊び道具を投入し、自由に遊ばせるやり方があります。こうした道具を投入することによって動物たちに多彩な行動を創出させることも、知的な行動を誘発させる一環です。

一般に、海獣類の水槽は壁面や底面が平坦なコンクリートであるため、単調な飼育環境になりがちで、新たな行動を創出できるような素材がないのがふつうです。そのため、水槽内を単に行ったりきたりするだけの常同行動や、水中に降りるために設置されたはしごを執拗に噛んでしまうといった行動などが生まれる要因となってしまいます。そこで、そこにいろいろな「道具」を投入することにより、それをもとにさまざまな行動を展開することができるようになり、「行動を増やす」ということにきわめて効果的なものとなるわけです。

シャチでもそうした道具を投入して施策が行われています。浮きを投入したところ、器用に遊ぶ姿やほかの個体と取り合う行動などが観察されています。

前述した、筆者が行っているような実験は認知エンリッチメントになります。たとえば鏡を見せる実験では、鏡の前でなんども舌を出したり（まるでおどけているようです）、からだをひねったりという行動が見られ、遊びのような行動をしています。また、識別実験（図5・10）も、課題を与えて、それを遂行できたときに餌が得られるという正の強化があり、動物には「考える」という刺激を与えることになります。これも自分の努力が報酬に結び付くという意欲を持たせるうえではエンリッチメントの効果になります。

フランスのヒトの声をまねさせる実験（146頁参照）もまねする行為自体がシャチには新鮮な刺激といえるかもしれません。この実験では、とくに、毎回餌で強化しているわけでもないのに声まねしようとする行為が起きていることは、シャチがそれを好んで行っていることの裏付けでもあります。

多頭飼育

もともとシャチは群れで生活する動物なので、多くの個体で飼育することもエンリッチメントの効果があります。シャチのいる水族館では複数の個体を一つの水槽で飼育していますが、同種だけでなく、ほかの種（たとえばバンドウイルカ）との「同居」も行なわれることもあります。

こうした環境で形成される「社会」においては、個体間で種々の闘争や親和的行動などの社会行動が頻繁に見られ、野生にも匹敵するような「活気のある」水槽になっています。

前述した筆者の行った鏡の呈示の実験（139頁参照）では、一枚の鏡をめぐって複数個体が寄ってきて

図6・3　鏡に興味を示すシャチたち（鴨川シーワールドにて実験）

おり（図6・3）、こうした社会的なかけひきもエンリッチメントとしては効果的です。

また、環境エンリッチメントの効果の指標の一つに繁殖率がありますが、日本では実際にシャチの出産も成功していることから（174頁参照）、複数飼育の効果が出ているといえるでしょう。

ヒトとの係り

給餌や健康診断の折、あるいはそれ以外の時間でも動物と種々にヒトが係りを持つことも、本来、有効な施策です。

ヒトが遊ぶことでシャチとのスキンシップができ（図6・4）、信頼関係が構築されることになります。また、来館者がアクリルガラス越しにシャチに向かって道具を振ってみるなど、「遊びかける」行為を行っている園館もあります。

さて、これらのエンリッチメントの試みについ

図6・4　シャチとのスキンシップ（鴨川シーワールドにて撮影）

てもっとも水族館らしいといえるものが、多くの水族館が導入している行動の公開展示（パフォーマンス）です。一般に「ショー」とよばれるこの所作は、飼育トレーナーの指示に応じて一定の行動をした場合に報酬として餌が与えられるもので、それは動物にとっては給餌を待つだけの状態とは根本的に異なるものです。また、「努力すれば得られる」行動は野生における採餌とも共通した行為ともいえるかもしれません。

そもそもショー自体、サインでさまざまな行動を起こさせるものであるので、動物が行動する時間や行動の種類を保証していることになります。それは「訓練」のときでも同じです（動物にとっては訓練もショーも区別はついていないので）。

しかし、パフォーマンスの効果はこうした「採食」に関したものだけではありません。

シャチのパフォーマンスではあまり道具を使われることはありませんが、それでもたとえば空中のボールを尾鰭で蹴るというような種目（図6・5）では、トレーナーが出すサインを識別し、視覚（や水中の物の場合はエコロケーション）を使った物の探知といった要素もあり、認知機能をフル活用する格好の場面といってよいでしょう。さらに、ボール自体への接触感覚は行動への達成感を惹起させることにもなります。

また、ヒトとシャチが一緒にやるような種目でも、ヒトが遊んであげる行為と共通のものがあり、よいエンリッチメントの一つになります。

図6・5　シャチの尾鰭キック（鴨川シーワールドにて撮影）

こうした水族館でのパフォーマンスやその訓練というものは、環境エンリッチメントの要素をいくつも包含した、動物にとっては刺激ある、もっとも適当な方策の一つです。動物にとっても、ショーが決して「餌が欲しくてやっている」ことではないことを理解する必要があります。

このように水族館の動物

にとっての環境エンリッチメントとは、シャチのように動物が大きくても、それぞれの施策や工夫によって、いかに行動あるいはその行動の時間配分をつくり出してやるかという努力にほかならないのです。

イルカの繁殖

野生の調査や観察ではなかなか知見を得るのが難しい繁殖、生理、行動などの分野については水族館における飼育を通して明らかになったことも少なくありません。こうして野生と飼育下の両面からの知見を照らし合わせることでその生物のさまざまな生物学的特性や生命のメカニズムを紐解いていくことができることになります。

今、水族館に課せられた命題の一つは「繁殖」です。それは単に展示個体を確保するだけでなく、その技術を追究することにより野生生物の保護や保全にもつながっています。

まずは、ハクジラ類の繁殖様式についておさらいしておきます。

動物が生まれてから死ぬまでにたどる過程を生活史とよびますが、そのなかでも「繁殖」は重要な要素の一つです。イルカの繁殖は「性成熟→発情→排卵→（交尾）→受精→妊娠→分娩→泌乳→休止→発情→……」という経路をたどります。性成熟をしたメスは数十日の周期で発情をくり返しています。たとえば、バンドウイルカの発情周期は二九～四二日、シロイルカ四八日で、シャチは四二日となっています。

イルカの血液ではさまざまなホルモンが測定され、成熟や妊娠の指標として用いられています。イルカではプロゲステロンの変動から性周期を知り、人工授精に結び付くデータを得る研究も進められています。ホルモンの変動や繁殖行動が受精適正期を推定する手がかりになっているのです。

野生の個体では妊娠しているかどうかを見極めることは困難です。しかし、飼育下の個体の場合は血液中のホルモンの変動で妊娠を判定することができます。それは健康診断のときに採血をし、血液中のプロゲステロン濃度を測定しますが、その値が高いと妊娠している可能性が高いと推測することができます。そして、その後も高い値が続けば妊娠が維持されていることの確認となります。

小型のイルカでは、胎児のようすはヒトの場合と同様に、超音波診断により調べることができます。妊娠中、受精卵の発生過程、すなわち胎児の変化には動物の進化の過程が現れてきます。イルカでは、まず体長が一〜二センチメートルくらいまではヒトやブタの胎児と似た姿をしています。その後、二センチメートルくらいから尾に近い部分に一対の隆起が見られるようになり、これが後肢と考えられます。しかし、それはやがて皮膚に埋没してしまいます。そして、それと同期するように尾の発達がはじまります。一方、前肢を見てみると、はじめはやはりヒトやブタの胎児の前肢と似た形ですが、次第に鰭状に変わっていきます（図6・6）。ただし、前肢の五本の指はその後もずっと残ったままです。

ちなみに、一般に、出生時の子どもの体長は、ヒゲクジラ類では母親の体長の約三〇パーセント、ハクジラ類では四五パーセントくらいの大きさになっています。

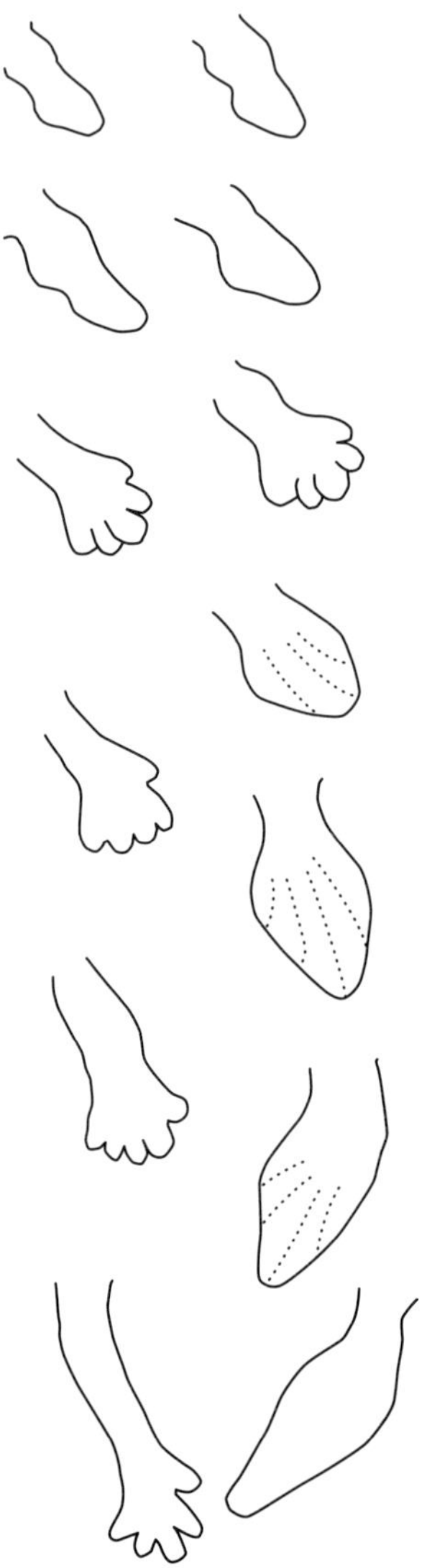

図6・6　胎児の変化

野生のシャチの繁殖

クジラやイルカがいつ妊娠し、いつ子どもを産むかというのは、種によりちがいがありますが、一年のうちで、ある程度出産が集中する時期というのはあるようです。たとえば北東太平洋のシャチにおける知見によると、この海域のシャチはおおむね一〇月から三月が出産期となっています。

シャチの妊娠期間は、同じく北東太平洋に生息する野生のシャチのデータによると一二～一五か月（一六～一七か月という知見もあります）となっています。一方、飼育下で観察された妊娠期間は一八か月です。ハクジラ類では、確認された種でもっとも長い妊娠期間の一つです。ちなみにほかの種を見ると、バンドウイルカ一二か月、イシイルカ一一・四か月、ネズミイルカ八～一一か月、コビレゴンドウ一四・五〜一六か月、シロイルカ一一か月以上となっていますが、シロナガスクジラは三二〇〜三六〇日、マッコウクジラに至っては一四・五〜一六・五か月にもなります。いずれにしてもヒトより長い妊娠期間です。

また、シャチも一定の周期で排卵をくり返しており、排卵周期（性周期）は四二日です。また、一九七三年からカナダ・バンクーバー島周辺のシャチにおいて写真で個体識別して調べられた結果によると、その海域のシャチの出産間隔は二〜一二年（平均五・三年）であることがわかりました。

飼育下のシャチの繁殖

では、飼育下のシャチの繁殖、出産について見てみましょう。

シャチは一度の出産で一個体を出産します（ほかのイルカ類も同じです）。

飼育下のシャチの出産は一九七七年のアメリカ合衆国のロサンゼルスのマリンランドが最初です。そして、アメリカの水族館では一九九七〜二〇〇五年までの九年間で六度の妊娠があり、うち四度が正常な出産でした。しかし、生まれた子どもはみな短命に終わっています。その原因として飼育施設の形状があげられています。すなわち、それらの水槽はみな円形の水槽であったため、母親のシャチが授乳の体勢を維持することが難しかったからではないかとされています。

その後、一九八五年のフロリダ・シーワールドで授乳体勢が維持できるような水槽で出産された例では、生まれた子どもの育成にはじめて成功しています。

日本では一九八二年の江の島水族館の「サッチー」の出産が最初ですが、ただこれは水族館搬入前にすでに妊娠していたもの（いわゆる「持ち込み腹」）で、出産後の生存は五日間でした。

飼育下の個体どうしによる最初の出産は一九九二年の鴨川シーワールドの「マギー」という個体ですが、出産後に順調に子シャチが生育するようになったのは、同じく鴨川シーワールドで一九九七年にステラという母シャチから生まれた個体「ラビー」からです。

シャチのオスは周年、精子形成が可能で、メスは性周期が四二日で、とくに繁殖期のようなものはありません。先述のように、シャチでもメスは血液中のプロゲステロンの変動によって妊娠の診断がなされます。すなわち、成熟オスとの交尾行動が確認され、血中プロゲステロン濃度が継続して高いことで妊娠と診断されます。

シャチも含めてイルカ類は、ふつう、妊娠した個体は出産する五日前くらいから前日まで徐々に体温が低下していき、さらに出産の直前には通常の体温よりも約一℃下がることがわかっています（まれにそうではない事例もあります）。このため体温の変動で出産の予測が可能となり、それまでは出産するまで交代で何日も観察をしていなければならなかった飼育スタッフの負担も軽減されました。ちなみに、シャチで早産した個体では体温の下降は見られなかったことから、正常な分娩には、やはり体温の低下が重要な生理的機序の一つなのかもしれません。

分娩に要する時間は、破水がおきてから娩出するまでおおむね二〜三時間くらい。イルカの出産は尾鰭から先に生まれる、いわゆる「逆子」状態が多いといわれています。理由は頭部から生まれて水中で

図6・7　出産直後の子シャチ（写真提供 鴨川シーワールド）

窒息してしまわないためとか、生まれてすぐに泳ぎやすいためとか諸説あります。しかし、シャチではまれに頭部から生まれてくることもあります。

シャチでは、生まれてきた子シャチの出生時の体長は、一般には二・一〜二・五メートルとなっています。また、体重は、生まれたときでも、すでに二〇〇キログラムにもなっています。

飼育下の個体を観察していると野生ではわからないことを知る機会も多いのですが、出産からその後の子どもの状況などもその一つです。

鴨川シーワールドの記録を基に紹介すると、生まれたばかりのシャチ（図6・7）は体長が二〜二・五メートルほどで、からだの模様は成獣のシャチとほぼ同じですが、体色はオレンジ色のような褐色めいたクリームをしています。腹部には母親の胎内に小さく丸まっていたときにできたしわがまだ残っています。なんどか表皮の皮むけをくり返し、三〜四年後には母親と同じ白色になります。

授乳は生後一～四日後からはじまります。シャチの授乳は子どもの個体が舌を丸めて母親の腹部の溝のなかに納まっている乳頭に吸いついて行われます（イルカも同じです）。数秒間そうして授乳していたと思うとはなれ、また吸いついては数秒間ミルクを飲んでははなれ、それをなんどかくり返します。これが生まれたばかりのころは一日に一〇〇回から二〇〇回ほど見られます。

授乳期間はおおむね一・五～二年（知見によっては二～二・五年）ですが、そのかたわら、生後二か月ほどすると母親の与える餌で遊びはじめます。母親が子どもに餌を与える行動はほかの種では見られない非常に珍しいものですが、最初は母親がトレーナーから与えられた餌を口のなかで噛みつぶして子シャチの前に落とすなどして与えています。そして、四～六か月ほどで次第に子シャチは小魚を飲み込むようになっていきます。このころ、上下の歯も生えそろうようです。

シャチの更年期

動物のメスはある年齢になると排卵が停止しますが、その後も生き続ける動物がいます。換言すれば、寿命が尽きる前に出産を終了するわけですが、生殖を終えた後も長く生きる動物は多くはありません。私たちヒトはそういう動物の一つですが、鯨類にもそういう種がいることがわかっています。

シャチは生涯にわたっておおむね五～六個体の出産をすると考えられていますが、三〇～四〇歳ほどで出産を終了したあとも、長い場合には、その後、四〇年も五〇年も生きるメスがいます（寿命については51頁参照）。このように閉経したあとも長期に生きる動物はあまりおらず、シャチのほかにはコビレゴンドウやオキゴンドウでしか確認されていません。マッコウクジラもその一つと考えられていますが、状況証拠的な知見しかなく、まだ実際の事例は得られていません。

ヒトには「更年期」という症状が見られるのが一般的ですが、シャチでは閉経したメスについての生理的な情報がないので、ヒトのような更年期があるのかどうかはわかっていません。

ところで、出産が終了しても生きる意味はなんでしょう。

それは、群れのなかでほかの子どもの面倒を見たり、ほかのメスの出産を補助する役割が考えられます。

繁殖年齢をすぎ、出産を終了したメスのシャチがその後の群れの繁殖に貢献していることが明らかになりました。アメリカ・ワシントン州やカナダのブリティッシュコロンビア州におけるシャチを長期間観察したところ、「祖母」が死ぬと数年で「孫」の生存率が低下していることから、閉経後のメスのシャチが孫の生存率を高めることに貢献していると解析されています。

閉経すると、これまでの産児から育児へと転換することになるわけで、年齢を重ね、出産を終えたメスが自分のポッドの子どもや孫の養育に携わるのです。一般に、こうしたことは「おばあさん効果」とよばれますが、シャチでもそうした効果があることが示唆されています。「おばあさん効果」はこれまでヒトのみで確認されていましたが、ヒト以外でそのような習性が見つかったのははじめてです。

おわりに

シャチという動物について概観してきました。

さまざまに魅力ある海の動物。シャチは漢字で「鯱」と書きますが、昔の人が海のなかでトラ（虎）のように勇ましい動物という想いでこの字を考えたのかもしれません。確かに、実際にはトラと同じくらい、あるいはそれ以上の強さや雄々しさがある気もします。

「はじめに」でもふれたように、一つの動物にだけ着目して話を展開しても、その動物のよさ、凄さはわかりません。シャチのまわりにはたくさんの動物がいて、さらに、そこにはヒトもいます。本書ではそうした生態系やシャチ文化の主役としてシャチの魅力をあぶりだしたつもりですが、さていかがでしょうか。

このシャチという動物、船を出せばどこでもすぐに見られるものではありませんし、からだの大きな動物ですから、ちょっと水族館で飼って調べてみようというわけにもいきません。調査や研究のしにくい動物であることにはちがいないので、まだまだわからないことはたくさんあります。しかし、海の生態系の頂点につくほどの動物ですから、少しくらいわからないことがあったほうが魅力はつながるのかもしれません。

そんなシャチを見る立場はいろいろあるでしょう。

まずはシャチを楽しむ立場。

船でシャチツアーに出かけるのもよし、水族館でシャチのショーを楽しむのもよし。そうした人たちにはシャチの示すちょっとした行動の意味や能力なども頭の片隅においていただくと、また見方も変わるかもしれません。

また、水族館でシャチの飼育を夢見る人もいるかもしれません。シャチのトレーナーは人気の職業の一つで、希望する若者は多いと聞いています。そんな人にも本書が夢の実現の一助になれば幸いです。

最後は研究したいと思う人。

本書でもふれましたが、近年は世界各地でシャチの生態調査が行われています。それは日本でも同様です。種々の科学的な機器が導入され、これまで知り得なかったことが少しずつ明らかになっています。シャチの研究による知見は、そうした野生の調査によるものが圧倒的に多くなっています。

しかし、飼育下の研究もシャチの生態の礎となるものがなにかを知るうえでは重要な意味を持っています。シャチが本当はなにを考えているのか、そんなことがわかれば、またシャチへの理解も深まることと信じています。

本書の内容に飽き足りず、自分でもっとシャチのことを調べたいと、研究を志す人が現れてくれたらそれはたのもしいことです。ぜひそういう人が出てきてくれたらという願いも込めておきたいと思います。

本書を執筆するにあたり、東海教育研究所の原田邦彦氏と編集していただいた稲英史氏には多大なお世話になりました。また、下記の方々には貴重な資料や情報の提供をいただきました。ここにお礼申し上げます。

石川恵氏（海遊館）、大泉宏氏（東海大学）、岡田徳子氏（東海大学村山研ＯＢ）、鴨川シーワールド、中原史生氏（常磐大学）、中山誠一氏、南條由香里氏（東海大学村山研ＯＢ）、北海道シャチ研究大学連合。

〈参考図書類〉

『鯨類・鰭脚類』（西脇昌治著。東京大学出版会）
『クジラ・イルカ大図鑑』（アンソニー・マーティン編著、粕谷俊夫監訳。平凡社）
『シャチ―生態ビジュアル百科』（水口博也編著。誠文堂新光社）
『鯨類学』（村山司編著。東海大学出版会）
『日本の水族館』（内田詮三・荒井一利・西田清徳著。東京大学出版会）
『イルカ・クジラ学』（村山司編著。東海大学出版会）
『海獣水族館』（村山司編著。東海大学出版会）
『イルカ』（粕谷俊雄著。東京大学出版会）
『イルカ概論』（粕谷俊雄著。東京大学出版会）
『鯨研叢書一四。シャチの現状と繁殖に向けて』（（財）日本鯨類研究所）
『ノーザンピープルズ―北方民族を知るためのガイド』（北海道立北方民族博物館）

【き】

【く】

【け】

【こ】

【さ】

【し】

索　引

著者紹介

村山　司（むらやま　つかさ）

東海大学海洋学部教授．
東京大学大学院博士課程修了，博士（農学）．
専門：イルカ類の感覚，行動，認知（認知科学）

主な著書

『イルカの不思議』（誠文堂新光社）．
『駿河湾学』（編著．東海大学出版部）
『海に還った哺乳類 イルカのふしぎ：イルカは地上の夢を見るか』（講談社．ブルーバックス）
『イルカの認知科学：異種間コミュニケーションへの挑戦』（東京大学出版会）
『イルカ』（中央公論新社）
『鯨類学』（編著．東海大学出版会）ほか

装丁　中野達彦

シャチ学

2021年 7 月30 日　第 1 版第 1 刷発行
2023年 2 月23 日　第 1 版第 2 刷発行

著　者　村山　司

発行者　原田邦彦

発行所　東海教育研究所
〒160-0023 東京都新宿区西新宿 7-4-3 升本ビル 7 階
TEL：03-3227-3700　FAX：03-3227-3701
URL：http://www.tokaiedu.co.jp/bosei/

印刷所　港北メディアサービス株式会社

製本所　誠製本株式会社

ISBN978-4-924523-20-3